Alfred Biesiadecki

# Untersuchungen aus dem Pathologisch-Anatomischen Institute in Krakau

Alfred Biesiadecki

**Untersuchungen aus dem Pathologisch-Anatomischen Institute in Krakau**

ISBN/EAN: 9783743642126

Hergestellt in Europa, USA, Kanada, Australien, Japan

Cover: Foto ©berggeist007 / pixelio.de

Weitere Bücher finden Sie auf **www.hansebooks.com**

# UNTERSUCHUNGEN

AUS DEM

# PATHOLOGISCH-ANATOMISCHEN INSTITUTE

## IN KRAKAU.

VON

## DR. ALFRED BIESIADECKI

PROFESSOR AN DER K. K. UNIVERSITÄT IN KRAKAU

MIT II HOLZSCHNITTEN.

WIEN 1872.

WILHELM BRAUMÜLLER

K. K. HOF- UND UNIVERSITÄTSBUCHHÄNDLER.

Die hier mitgetheilten Untersuchungen sind alle in polnischer Sprache in den Jahrbüchern der Krakauer literarischen Gesellschaft veröffentlicht worden. Die Abhandlung: „Ueber Blasenbildung und Epithelregeneration etc." erschien im vorigen Jahre in den Berichten der k. Akademie der Wissenschaften in Wien. Da nun seit dieser Zeit drei Abhandlungen über denselben Gegenstand zum Theile in Virchow's Archiv, zum Theile in den Jahrbüchern der k. k. Gesellschaft der Aerzte in Wien mitgetheilt worden sind, den Verfassern derselben, denen es nicht gelungen ist, die Epithelregeneration unter dem Mikroskope zu verfolgen, meine Abhandlung unbekannt blieb, so sehe ich mich genöthigt, dieselbe an dieser Stelle noch einmal abdrucken zu lassen, in der Erwartung, dass sie eine gebührende Beachtung finden wird.

# Inhalt.

# I.

# Beitrag zur physiologischen und pathologischen Anatomie der Lymphgefässe der menschlichen Haut.

## Von Prof. Alfr. Biesiadecki.

(Mit 5 Abbildungen.)

In einer unter meiner Leitung durchgeführten Untersuchung hat Young *) das Verhalten der Lymphgefässe des Corium zu den Blutcapillaren geschildert; ich habe dagegen in Stricker's Histologie ausserdem ein besonderes Blutgefässnetz beschrieben, welches die grösseren im Unterhautzellgewebe verlaufenden Lymphgefässe begleitet.

Wenn ich nun auf diese Verhältnisse hier wiederum näher eingehe, so geschieht es desshalb, weil dieses Verhalten einige pathologische Veränderungen der Lymphgefässe erklären kann, und weil nach meinem Dafürhalten dieses auch die Frage nach dem Zustandekommen des Lymphstromes innerhalb der Lymphgefässe auf eine Weise beantwortet, die mit dem anatomischen Befunde in Einklang zu bringen und die bis jetzt noch nicht endgiltig entschieden ist.

Die neueren Untersuchungen haben herausgestellt, dass die Lymphgefässe allenthalben von einer Membran begrenzt für sich abgeschlossen sind, und dass man zwischen Blut- und Lymphgefässen besondere Räume unterscheiden muss, welche ihren zum grössten Theile aus dem Blute stammenden Inhalt (Blutserum und zellige Bestandtheile) in die Lymphgefässe entleeren. Obwohl

---

*) Zur Anatomie der ödematösen Haut. Sitzungsberichte der k. k. Akademie in Wien 1868.

die zarte Lymphgefässwand dem Durchtreten der Flüssigkeit und
der Zellen aus den Lymphräumen in die Lymphgefässe — was aus
dem bekannten Verhalten der Blutgefässwand gefolgert werden
kann — keine erheblichen Schwierigkeiten zu setzen im Stande ist,
so findet doch dieses Hindurchtreten nur unter gewissen Bedingungen statt. Es muss nämlich innerhalb der Lymphräume der
Flüssigkeitsdruck ein grösserer sein, als innerhalb der Lymphgefässe, ferner müssen die Wände der Lymphgefässe immer in
einem gewissen Grade von Gespanntsein erhalten werden, da
sonst die Flüssigkeit der Lymphräume erstere sehr leicht zu-
sammendrücken würde.

Das Verhalten der Blutcapillaren zu den Lymphgefässen
erklärt uns eben, auf welche Weise die Lymphgefässwand jedesmal in einem den Druckverhältnissen entsprechenden Grade
gespannt erhalten wird.

Obwohl es richtig ist, dass die Lymphgefässe weder Arterien,
noch Venen im Corium begleiten, da sie ein Netz bilden, welches
seiner Configuration nach nicht dem Blutgefässnetz entspricht, so
legen sich doch sehr häufig den Lymphgefässwänden unmittelbar
Capillargefässe an, die selbst in das Lumen derselben hineinragen und dieselben auf weitere Strecken begleiten.

Bei der Transsudation des Blutserums aus den Gefässen
gelangt daher dieses nicht allein in die Lymphräume, sondern
auch in die Höhle der Lymphgefässe und erfüllt dem entsprechend
die Höhle der letzteren. Der Flüssigkeitsdruck innerhalb der
Lymphgefässe muss aber ein geringerer sein als in den Lymphräumen, da die Flüssigkeit in den ersteren einen freien Abfluss
besitzt. In dem Grade jedoch, in welchem die Exsudation in die
Lymphräume zunimmt, nimmt auch dieselbe in die Lymphgefässe
zu, so dass auf diese Weise die Lymphgefässwände jedesmal in
einem entsprechenden Spannungsgrade erhalten bleiben, in einem
derartigen Grade, der das weitere Durchtreten der Flüssigkeit,
ja vielleicht auch der zelligen und festen Bestandtheile aus den
Lymphräumen in die Lymphgefässe gestattet.

Die Lymphgefässe des Unterhautzellgewebes*) besitzen jedoch
eigene Blutgefässe, die in einem besonderen Zusammenhange mit

---

*) Am Dorsum penis und Vorderarm habe ich dieses Verhalten stets
vorgefunden, von den übrigen Körpergegenden habe ich keine Erfahrung

denselben stehen und gewiss nicht der Ernährung der Lymphgefässwand allein bevorstehen.

Fig. 1 stellt ein Stück des Lymphgefässes aus dem Unterhautzellgewebe des Dorsum penis dar. Das Lymphgefäss zeigt eine ziemlich mächtige Muscularis (c). Zu beiden Seiten desselben verlaufen vom Präputium begonnen bis zur Wurzel des Penis zwei Blutgefässe (a), welche mittelst eines dichten, das Lymphgefäss umspinnenden Capillarnetzes (b) (mit Berlinerblau injicirt) mit einander anastomosiren. Diese Gefässe liegen inmitten eines dichteren Bindegewebes, welches der Adventitia des Lymphgefässes entspricht und gelangen auch zwischen die Zellen der Muscularis.

Obwohl nun die Ansicht, dass dieselben den Nutritionsgefässen der Lymphgefässe entsprechen, sehr nahe liegt, und es auch keinem Zweifel zu unterliegen scheint, dass die Ernährung der Lymphgefässwände durch dieselben bewerkstelligt wird, so ist es andererseits sehr zweifelhaft, dass es der einzige Zweck derselben ist, da die Mächtigkeit dieses Gefässapparates in einem zu grellen Widerspruche mit der Dicke der Lymphgefässwände steht.

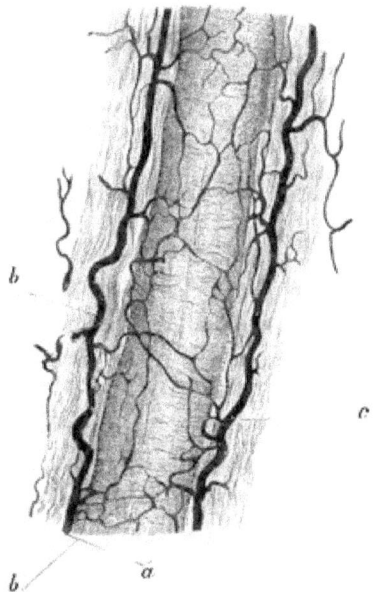

Fig. 1.

Fig. 1. Lymphgefäss aus dem subcutanen Gewebe des Dorsum penis. c Muscularis des Lymphgefässes. a mit Berlinerblau injicirte. parallel zum Lymphgefässe verlaufende Blutgefässe. welche durch ein dichtes Capillarnetz b mit einander anastomosiren.

Was immer für eine physiologische Function diesen Blutgefässen auch zukommen mag, die Kenntniss derselben ist jedenfalls zur Erklärung einiger pathologischen Vorgänge innerhalb der Lymphgefässe von grösserer Bedeutung.

So will ich hier nur darauf hinweisen, dass die scharf umschriebenen rothen Streifen, welche bei der Lymphangioitis der Haut den Verlauf der Lymphgefässe des Unterhautzellgewebes angeben, und die immer hart anzufühlen sind, nur dadurch sich erklären lassen, dass die letzteren (ihre eigenen) ihnen vorwiegend

zukommende Blutgefässe besitzen, die durch den reizenden Inhalt
der Lymphgefässe ausgedehnt und hyperämisch sind.

Die weiter unten folgenden pathologischen Veränderungen
werden uns aber auch klar legen, dass eben in Folge dieser
besonderen Blutvertheilung innerhalb der Lymphgefässe selbstständige, von den umgebenden Geweben unabhängige Vorgänge
stattfinden.

## Verhalten der Lymphgefässe im indurirten Chancre.

In einer früheren Arbeit*) habe ich das Verhalten der Blutgefässe in der syphil. Induration hervorgehoben, hier erübrigt es
noch jenes der Lymphgefässe näher zu schildern.

Vor Allem muss bemerkt werden, dass diese Untersuchung
an excidirten Vorhäuten gemacht wurde, und dass diese leichter
vorzunehmen ist an solchen, deren Blutgefässe injicirt sind.

An solchen Präparaten bemerkt man nun, dass im indurirten Corium ziemlich zahlreiche runde, ovale oder lange Lücken
sich vorfinden, deren Lichtung im Verhältniss zu der der Blutgefässe gross ist. Ja in der unmittelbar unterhalb der Papillen
gelegenen Partie des Coriums findet man Lücken, deren Durchmesser den der Blutgefässe selbst ums Dreifache übertrifft. Die
unmittelbare Grenze bildet meist ein scharfer Saum, in welchem
hie und da ovale bläschenartige, sehr zarte, meist ein Kernkörperchen einschliessende Kerne eingebettet liegen. Eine besondere Membran, die etwa der der Blutgefässe entsprechen würde,
findet sich nicht vor.

Auch an diesen Päparaten überzeugt man sich, dass Capillar-
schlingen selbst bis an den Begrenzungssaum dieser Lücken sich
anlegen, dass sie in dieselben hineinragen.

Wie gesagt, sind es meist leere Lücken, nur an jenen Stellen,
an welchen mehr Blutgefässe in der nächsten Nähe sich vorfinden,
bemerkt man in der nächsten Umgebung sowohl der Lücken als
der Blutgefässe zahlreiche Exsudatzellen, und auch in den Lücken
haften an der Wand derselben ähnliche Zellen.

Bemerken muss ich noch, dass die in der oberen Partie des Corium gelegenen Lücken nicht immer enger sind, als die der unteren,

*) Beitrag zur physiol. und pathol. Anatomie der Haut. Berichte der
k. k. Akademie der Wissenschaften in Wien 1867.

ja dass sehr häufig gerade die ersteren selbst ums Doppelte an Breite die letzteren übertreffen.

Diese Lücken muss ich für Quer- oder Schiefschnitte erweiterter Lymphgefässe halten, und glaube, da eine Verwechslung derselben nur mit erweiterten Blutgefässen stattfinden könnte, folgende Gründe dafür anführen zu können:

1. Sind die Blutgefässe im indurirten Chancre des Präputiums bedeutend enger als die des normalen und der Umgebung der Induration.

2. Besitzen Blutgefässe, namentlich jene von so weitem Durchmesser, eine mächtige Wand, jene Lücken dagegen lassen keine solche aufweisen und nur der scharfe Begrenzungssaum, in welchem überdiess Kerne eingebetet liegen, beweist, dass sie eben keine Kunstprodukte sind. Die nächste Umgebung dieser Lücken bildet überdiess eine Bindegewebslage, deren Fasern lockerer zusammengefügt sind, als an entfernteren Stellen von denselben.

3. Schliesslich sind diese Lücken an Präparaten, deren Arterien, Capillaren als Venen, mit färbigen Injectionsmassen gefüllt waren, immer frei von denselben.

So glaube ich behaupten zu können, dass die Lymphgefässe in einem indurirten Chancre erweitert und zum grösseren Theile mit Flüssigkeit, zum geringeren Theile mit Zellen gefüllt sind, obwohl es wahrscheinlich ist, dass letztere in grösserer Anzahl, als aus den Präparaten entnommen werden konnte, darin sich vorfinden, da sie ja bei der Verfertigung der Präparate leicht aus denselben herausfallen konnten.

Diese Erweiterung der Lymphgefässe in einem derartig verdichteten, trockenen und blutarmen Gewebe, wie es die indurirte Stelle ist, beweist uns aber andererseits, dass innerhalb derselben der Flüssigkeitsdruck ein bedeutender sein musste, da sie ja sonst von dem dichten Nachbargewebe zusammengedrückt worden wäre. *)

Nebenbei möchte ich hier eines Befundes Erwähnung thun, der wohl mit den Lymphgefässen in gar keinem Zusammenhange

---

*) Für den künstlich entzündeten Hoden hat Lösch im 44. Bande Virchow's Archiv die Erweiterung der Lymphgefässe ebenfalls nachgewiesen.

steht, der jedoch zur Erklärung, warum der indurirte Chancre sich knorpelartig hart anfüllt, Einiges beitragen dürfte.

Obwohl für die meisten Fälle die Trockenheit der indurirten Stelle im Zusammenhange mit der Zelleninfiltration den alleinigen Grund der Derbheit derselben abgibt, so trägt doch in anderen Fällen eine Neubildung von Bindegewebsfasern Vieles zur Vermehrung dieser Derbheit bei

Diese Neubildung erfolgt vorwiegend in der Peripherie des Chancre, wie es scheint an jener Stelle, in welcher sich in Folge der collateralen Hyperämie ein Oedem entwickelt hat. Man sieht an dieser Stelle in den Interstitien der Fasern zahlreiche Bindegewebszellen, welche sich durch die bedeutende Grösse (sie überschreiten an Grösse selbst die Hornhautzellen) ihrer Protoplasmasubstanz und ihrer Kerne auszeichnen. Das Protoplasma derselben ist granulirt und entbehrt einer verdichteten Begrenzungsmembran.

Diese Zellen liegen meist frei in den Interstitien des Bindegewebes, manchmal auch zwischen dichter aneinandergefügten Bindegewebsfasern. Dem entsprechend sind sie entweder vielgestaltig mit mehreren Ausläufern, von denen in der Regel einer eine besondere Länge erreicht, oder dieselben sind spindelförmig mit zwei langen Fortsätzen, welche eine Strecke weit aus dem granulirten Protoplasma, nachträglich aber aus einer starren homogenen Substanz bestehen, die jener der Bindegewebsfasern gleichkommt.

Es sind dieselben Bilder, welche man im Unterhautzellgewebe bei der acquirirten Elephantiasis der unteren Extremitäten oder in der Nähe von cariösen und nekrotischen Knoten vorfindet und die den Ursprung der Bindegewebsfasern aus Zellen klar legen.

Unter den vielen indurirten Chancres habe ich nur in zweien die Bindegewebsneubildung verfolgen können, dieses erklärt sich leicht daraus, dass eine derartige Neubildung nur in im Wachsthum begriffenen Indurationen sich nachweisen lässt, da in den älteren dieselbe nicht nur nicht mehr stattfindet, sondern vielmehr ein Zerfall der neugebildeten Fasern erfolgt.

Einige dieser Zellen zeigen auch einen doppelten Kern, andere sind wie abgeschnürt, in zwei meist gleich grosse Hälften, so dass eine Theilung dieser Zellen möglicherweise auch vor sich geht, ähnlich wie die der Pigmentzellen der Froschschwimmhaut in der Umgebung von Entzündungsherden. *)

So scheint es keinem Zweifel zu unterliegen, dass der Grund für die Härte des indurirten Chancres nicht allein in der Trockenheit des Gewebes und in der Zelleninfiltration, sondern auch in einer Neubildung von Bindegewebsfasern zu suchen ist.

## Chronische Lymphangioitis.

Wie bekannt, verläuft sehr häufig im Unterhautzellgewebe des Dorsum penis von einem inveterirten harten Chancre des Präputiums begonnen bis zur Wurzel des Penis ein dünner harter Strang, der schon längst als verhärtetes Lymphgefäss erkannt wurde.

Meines Wissens ist ein derartiges Lymphgefäss anatomisch noch nicht untersucht worden.

Der Zufall brachte mich in den Besitz zweier Penise, welche am Präputium indurirte Chancres zeigten, um deren Willen die Besitzer derselben sich ums Leben gebracht haben. Bei einem derselben war der Lymphstrang am Dorsum penis kaum durch die Haut durchzufühlen.

Die Induration hatte die Grösse und Gestalt einer Mandel und zeigte namentlich schön das Verhalten der Lymphgefässe, wie es früher beschrieben ist. Auch das abgebildete subcutane Lymphgefäss ist diesem Präparate entnommen worden.

Bei dem zweiten Individuum war der Lymphgefässstrang mit Leichtigkeit von der Induration bis zur Peniswurzel zu verfolgen und stellte einen Strang von der Dicke einer dünnen Stricknadel dar.

Fig. 2 zeigt den Querschnitt desselben dar.

Das Lumen a des Lymphgefässes ist verengt, indem an der Innenfläche des Gefässes ein Fibrincoagulum b haftet, welches aus einem ziemlich dichten Netze von Fibrinfäden und zahlreich darin eingestreuten Lymphzellen besteht.

An der Innenfläche der Intima f liegen dagegen hie und da in das Fibrincoagulum hineinragend zahlreiche grosse, meist

---

*) Siehe Biesiadecki: Ueber Epithelregeneration an der Schwimmhaut des Frosches.

spindelförmige, gekörnte Zellen, welche den abgelösten Epithelien
der Intima entsprechen dürften.

An anderen Stellen ist die Lichtung des Lymphgefässes vollständig von einem meist zerfallenden Fibrincoagulum verschlossen, indem kleine Körnchen, die fadenförmig angereiht sind, den
Verlauf der Fibrinfäden andeuten, Haufen dagegen von Körnchen die früheren Lymphzellen bezeichnen. Der Contour der
Intima ist dann in der Regel verwischt, indem theils Bindegewebsfasern, theils oblonge Zellen aus der letzteren in die
Lichtung hineinragen.

An vielen anderen Stellen ist von der Lichtung des Lymphgefässes nur eine Andeutung zurückgeblieben, dadurch dass
die Intima bedeutend breiter erscheint und die Innenfläche
derselben in Form einer Krause zusammengefaltet ist, innerhalb
welcher nur eine sehr schmale Spalte verlauft.

Fig. 2.

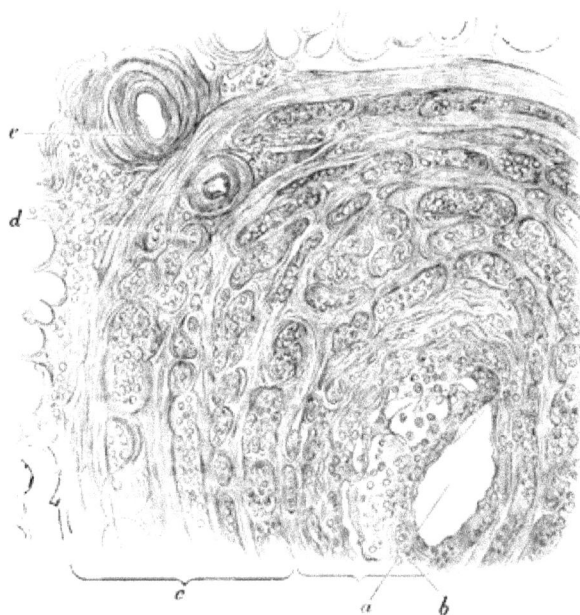

Fig. 2. Querschnitt eines indurirten Lymphgefässes des Dorsum penis bei
einem indurirten Geschwür des Präputiums. a Lichtung des Lymphgefässes;
b Fibrinnetz mit zahlreichen Lymphzellen, welche die Lichtung zum Theile ver-
schliessen; f Intima. c Muscularis, d querdurchgeschnittene Blutgefässe der Muscularis, welche den Blutgefässen b Fig. 1 entsprechen; e Blutgefäss der Adventitia = a Fig. 1.

Die Intima zeigt dann zahlreiche rundliche, oblonge oder polygonale Lücken, die von Bingewebsfasern begrenzt sind, und in welchen zahlreiche Exsudatzellen sich vorfinden. Noch an anderen Stellen ist der Contour der Intima als ein dicker glänzender scharfer Saum zu erkennen, die Lymphgefässhöhle erfüllt dagegen ein Netz, welches aus scharf contourirten, starren, glatten Fasern besteht, zwischen welchen Lymphzellen in geringer Menge eingebettet liegen.

Die Muscularis c ist ebenfalls breiter, und zwar dadurch, dass die querverlaufenden Bündel derselben von zahlreichen Gruppen von Exsudatzellen auseinandergedrängt sind, zwischen welchen auch erweiterte, quer und schief durchgeschnittene Blutgefässe verlaufen. Die Adventitia der Lymphgefässe ist schmal, nur hie und da liegen in derselben Exsudatzellen, ebenso wie solche nur spärlich zwischen den Fettzellen der Umgebung sich vorfinden.

Lag es bei der Untersuchung am Lebenden sehr nahe, den harten Lymphgefässstrang durch Thrombose der Lymphgefässe zu erklären (z. B. Michaelis), so hat die erst erwähnte Untersuchung eines solchen Stranges noch andere Resultate zu Tage geführt.

Wir haben nämlich gesehen, dass in einzelnen Abschnitten des Lymphgefässes Fibrincoagula das Lumen derselben vollkommen verstopft haben, an anderen dieses Coagulum zu einer moleculären Masse zerfallen war; dass an neben anliegenden Stellen dagegen die Intima des Lymphgefässes derartig geschwellt war, dass in Folge dessen die Lichtung des Lymphgefässes verloren ging. Einzelne Abschnitte des Lymphgefässes zeigten in ihrer Höhle ein Netz, welches durch Glätte, Glanz und Dicke der Fasern sich vom Fibrinnetze unterschied, und welches aller Wahrscheinlichkeit nach den Lymphzellen seinen Ursprung verdankte. *)

An allen diesen Stellen war die Lichtung des Lymphgefässes jedoch enger und sämmtliche Schichten der Lymphgefässwand verändert. Vor Allem musste die Dicke dieser Wand auffallen, die in der Muskelschichte am meisten, in der Intima im gerin-

---

*) Ein ähnliches Netz beschreibt Dr. Woronichin in den Lungenalveolen bei der indurativen Pneumonie als aus den Exsudatzellen entstanden.

geren Grade, am wenigsten jedoch in der Adventitia zugenommen hat.

Der Grund dieser Dickenzunahme lag in einer Infiltration der Wand mit Zellen, welche meist zwischen den Muskelbündeln gelegene Blutgefässe dicht umgaben, in der Intima dagegen nur zerstreut hie und da sich vorfanden.

Die nächste Umgebung des Lymphgefässes war nur sehr wenig verändert, kaum hie und da fand man zwischen den Fettzellen einzelne Exsudatzellen.

Es lehrt uns also dieser Befund, dass beim indurirten Chancre des Präputiums im subcutanen Lymphgefässe des Penis Veränderungen auftreten, welche unabhängig von der nächsten Umgebung desselben verlaufen, und nur dadurch sich erklären lassen, dass eben diese Lymphgefässe eigene Blutgefässe besitzen, welche ihnen vorwiegend zukommen und sich nicht in den nächstanliegenden Geweben ausbreiten.

Diese Veränderungen beruhen aber darin: 1. dass die Schichten der Lymphgefässwand von Zellen infiltrirt werden, welche vorwiegend um die Blutgefässe gelagert sind und wahrscheinlich aus dem Blute herstammen und 2. dass in Folge der Zelleninfiltration sämmtliche Schichten der Lymphgefässwand an Dicke und Härte zugenommen haben und dadurch stellenweise ein Verschluss der Lichtung zu Stande kam.

Ausserdem erfüllt aber stellenweise das verengte Lumen des Lymphgefässes ein Fibrincoagulum, welches entweder im Zerfall begriffen ist, oder deren Zellen zu einem bindegewebigen Strickwerke sich umgestaltet haben.

Es ist nun fraglich, ob dieses Coagulum als geronnene, aus dem indurirten Chancre herstammende Lymphe oder als an Ort und Stelle ausgeschiedenes fibrinöses Exsudat aufzufassen sei.

In Berücksichtigung jedoch dessen: 1. dass innerhalb der Lymphgefässe des Chancre kein Fibrincoagulum sich vorfand, 2. dass die Wand des subcutanen Lymphgefässes vollgepropft war von Exsudatzellen, scheint es wahrscheinlicher zu sein, dass dieses Coagulum ein fibrinöses an Ort und Stelle ausgeschiedenes Exsudat sei.

Die Verengerung oder selbst Verstopfung des subcutanen Lymphgefässes erklärt uns auch, warum die innerhalb der Induration gelegenen Lymphgefässe eine bedeutende Erweiterung erlitten haben.

## Hautgeschwülste, welche aus erkrankten Lymphgefässen bestehen.

Prof. Hebra übergab mir zur Untersuchung ein exstirpirtes Knötchen aus der Haut eines 19jährigen Mädchens. Letzteres besass an der Brust zahlreiche, livid gefärbte, linsengrosse und etwas kleinere, scharf umschriebene, über dem subcutanen Zellgewebe verschiebbare derbe Knötchen, welche angeblich seit Kindheit bestanden und sich gar nicht verändert haben.

Schon mit schwacher Vergrösserung konnte man den merkwürdigen Befund constatiren, dass das ganze Corium am Querschnitte von zahlreichen, verschieden grossen, runden oder nur wenig ovalen Löchern siebförmig durchbrochen war. Dieselben waren ohne regelmässige Vertheilung im Corium zerstreut, es lagen neben grösseren auch kleinere, die grössten waren aber im oberen Corium in der Nähe eines Haarbalges, dessen Haar ausgefallen war. Fig. 3 stellt einen derartigen Querschnitt bei 60facher Vergrösserung in naturgetreuen Dimensionen gezeichnet vor. Im obersten Corium sowie in den Papillen fehlen derartige Löcher vollkommen.

Fig. 3.

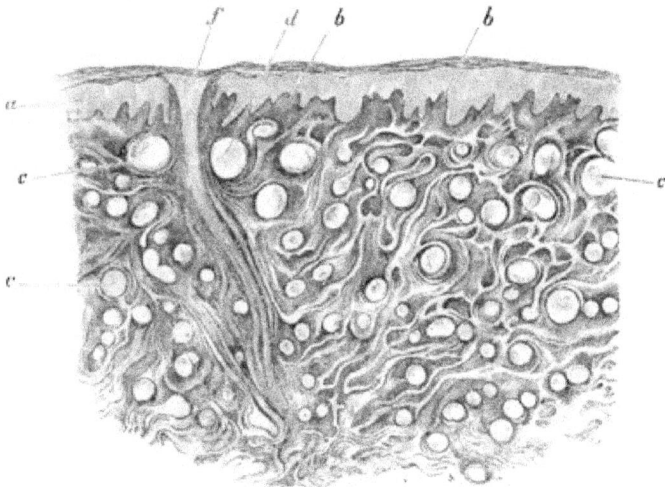

Fig. 3. Verticaler Schnitt von einem Hauttumor. a Schleimschichte, b vergrösserte Papillen. c zahlreiche runde Löcher. die zum Theile von einer Colloidmasse d erfüllt sind. f zu Grunde gehender Haarbalg. Vergr. 80.

Stärkere Vergrösserungen constatiren an diesen Schnitten Folgendes:

Alle Löcher zeigten einen scharfen Begrenzungssaum, ohne dass ihnen eine nachweisbare dickere Wand (Membran) zukommt. Die meisten waren vollkommen leer oder sie waren ausgefüllt mit einer gleichmässigen im Carmin nur schwach gefärbten Colloidsubstanz, die an vielen Stellen die Lichtung nicht vollständig ausfüllte, sondern halbmondförmig der Wand anhaftete. (Fig. 4 a.)

Der Contour dieser Löcher zeigte an einzelnen Stellen noch einen Beleg von platten (Fig. 4 b) Zellen, die höchstens in doppelter Reihe gelegen, Epithelialzellen glichen.

Fig. 4.

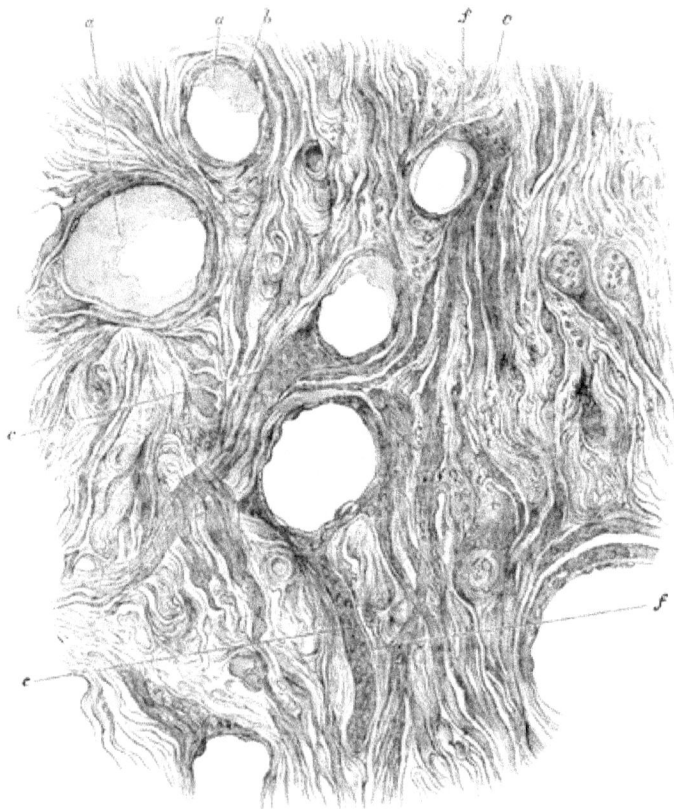

Fig. 4. Von demselben Knoten. Vergr. 350. a Mit Colloidmasse gefüllte Lücken, begrenzt stellenweise von platten Epithelzellen b; c mit Zellen gefüllte Schlauche, welche im Zusammenhange stehen mit a, und die nur einen sehr dünnen Begrenzungssaum f besitzen.

Die meisten dieser Oeffnungen waren für sich abgeschlossen, einige dagegen zeigten eine schlauchförmige Verlängerung (Fig. 4 c), welche am Durchmesser selbst den Vierttheil der Löcher ausmachte, und mit dicht aneinandergereihten Zellen gefüllt war. Diese Fortsätze hatten einen besonderen scharfen und glatten Contour, der hauptsächlich an jenen Stellen sich nachweisen liess, an welchen die Zellen sich abgelöst haben, und der in den Contour der Oeffnungen sich continuirlich fortsetzte. In demselben fand man weder Zellen, noch Kerne. Die Zellen, welche die Fortsätze ausfüllten, waren derartig dicht gedrängt, dass man die Umrisse derselben nur hie und da deutlich nachweisen konnte; desto deutlicher traten die Zellkerne hervor, welche meist oval, bläschenartig, scharf contourirt erschienen; ferner ein Kernkörperchen, oder deren zwei eingeschlossen hatten, und den Kernen, welche die Zellen der mittleren Schleimschichte besitzen, vollkommen glichen.

An einzelnen Stellen, jedoch verhältnissmässig nur selten, fand man in diesen Zellschläuchen runde oder ovale, die Zellen an Grösse etwas übertreffende, mit einer gleichförmigen Masse (Colloid) gefüllte Räume.

Die Richtung, in welcher diese Schläuche verliefen, war in der Regel etwas schief aufsteigend zur Hautoberfläche.

Eine einzige von den früher beschriebenen Oeffnungen zeigte zwei Schläuche, welche in entgegengesetzter Richtung aus derselben ausmündeten.

Schnitte, welche parallel zur Hautoberfläche durch den Knoten geführt wurden, lehren, dass die oben beschriebenen Schläuche (Fig. 5 b) ein Netz bilden, welches meist an den Knotenpunkten durch die beschriebenen Oeffnungen (a) durchbrochen und ebenso mit Zellen vollgefüllt ist. Die Configuration dieses Netzes, sowie die Breite der Schläuche entsprechen den Lymphgefässen der Haut.

Die Schleimschichte (Fig. 4 a) ist über dem Knötchen mächtiger als in der Umgebung, die Zellen sind sehr deutlich ausgeprägt, saftig. Die Papillen (b) sind um vieles dichter, breiter und länger als sie sonst an der Haut der Brust sich vorfinden. Sie bestehen aus einem dichten Bindegewebsgeflechte, zwischen welchem nur spärliche Zellen sich vorfinden. Ebenso besteht das ganze Corium aus einem offenbar sclerotischen Bindegewebe, indem die Bindegewebsfasern sehr dicht aneinandergereiht sind und die zwischen denselben gelegenen Lücken (Lymphräume) kaum wahrnehmbar sind.

Schweissdrüsen sind, wie weit sich dieses anführen lässt, in entsprechender Anzahl vorhanden, die Schweissdrüsenknäuel liegen unterhalb des derartig veränderten Coriums und in der Nähe derselben liegen sowohl Schläuche als Löcher, wie sie oben beschrieben sind. Die Knäuel sind nicht erweitert, scharf begrenzt und besitzen normal beschaffene Enchymzellen.

Auch an den Haar- und Talgdrüsen lässt sich nichts Abnormes, weder was ihre Zahl, noch was ihren Bau anbetrifft, nachweisen.

Wir haben im vorliegenden Falle in der Haut der Brust zerstreute Knötchen, welche dem Corium angehören, da sie über dem subcutanen Gewebe verschiebbar waren, und welche seit Kindheit, wenigstens seit jener Zeit unverändert bestehen, an die sich eben die Kranke noch zu erinnern im Stande war. Diese Knötchen haben gar nicht an Grösse zugenommen, sie zerfallen auch nicht; sie verursachten der Kranken keine Schmerzen, waren blauröthlich gefärbt, derb anzufühlen.

Fig. 5.

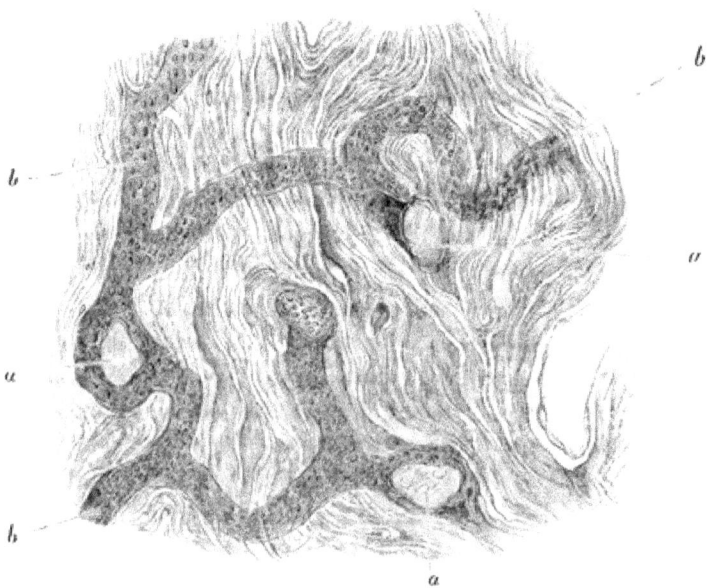

Fig. 5. Zur Hautoberfläche parallel geführter Schnitt aus demselben Knoten. a Lücken. b anastomosirende, mit Zellen gefüllte Schläuche.

Sie waren zum Verwechseln ähnlich einem syphilitischen papulösen Exanthem.

Das geübte Auge eines Hebra jedoch erkannte sogleich in ihnen ein von ihm früher noch nie gesehenes apartes Gebilde, das mit Syphilis nichts gemein habe, und nur ein gutartiges Neugebilde sein könne. Deshalb wurde auch ein Stück exscidirt und mir zur mikroskopischen Untersuchung übergeben.

Die Derbheit sprach für eine Bindegewebsneubildung in einer bis jetzt unbekannten Form, die mikroskopische Untersuchung hätte es bestätigen sollen.

Diese zeigt uns aber, dass das Corium an einer umschriebenen Stelle von zahlreichen, mit einer Colloidmasse erfüllten Löchern durchsetzt ist, welche zumeist von einem scharfen glatten Contour begrenzt sind und nur an wenigen Stellen einen Beleg aus platten Zellen zeigen; dass die Colloidmasse aus einer Metamorphose von Zellen entsteht, dass ferner in diese mit Colloid gefüllten Räume Schläuche einmünden, welche mit dicht aneinandergedrängten Zellen erfüllt sind und ebenfalls glatte scharfe Contouren besitzen, welche mit jenen der Räume zusammenfliessen; dass schliesslich diese Schläuche ein zur Hautoberfläche parallel gelegenes Netz bilden, in welchem eben die Knotenpunkte mit Colloid erfüllt ausgedehnt erscheinen.

Wo diese Schläuche und Räume sich vorfinden, sind die Bindegewebsfasern des Corium dichter aneinandergefügt, vielleicht an Zahl vermehrt (eine Zahlenzunahme lässt sich, da der Process der Neubildung sich nicht verfolgen liess, nur in Folge der Derbheit der Knoten und der Dichtigkeit des Gewebes vermuthen). Die Papillen über dieser Stelle sind länger und breiter, die Schleimschichte verdickt.

Alle übrigen Bestandtheile der Haut, wie Haare, Schweiss- und Talgdrüsen, Blutgefässe zeigten gar nichts Abnormes an sich.

Es frägt sich nun 1. was stellen diese Schläuche und die mit Colloid gefüllten Räume dar, und 2. woher stammen die Zellen, welche die Schläuche ausfüllen?

Was den ersten Punkt anbetrifft, so spricht die netzförmige Anordnung und die Weite dieser Schläuche, dann der Mangel einer dickeren Begrenzungswand dafür, dass sie veränderte, mit Zellen ausgefüllte Lymphgefässe sind.

Die Zellen, welche diese Schläuche vollständig und dicht aneinandergedrängt ausfüllen, zeigen einen deutlichen ovalen,

bläschenähnlichen Kern, ähnlich dem der Zellen der Schleimschichte, ihre **Protoplasmasubstanz** ist nur weicher, so dass die
Zellen zusammenfliessen und ihre Contouren verwischt sind. An
den Knotenpunkten der Schläuche ist auch der Kern erweicht
und seine Masse ist mit dem veränderten Protoplasma der Zellen
in **eine** colloide Substanz verwandelt. In Folge dessen sind die
**Knotenpunkte** der Schläuche erweitert und zu kugeligen Räumen
umgewandelt.

Viel **schwieriger** ist die Frage nach der Abstammung der
**Zellen zu beantworten**, hauptsächlich aus dem Grunde, weil die
erwähnten Knoten nicht im Wachsthum **begriffen** waren, sondern
von Kindheit an Grösse gleichgeblieben sind. Man findet auch
keine Stelle im **Knoten**, **welche** auf eine kürzere Dauer dieser
Veränderung schliessen liesse, vielmehr zeigten **alle Zellen** Veränderungen, **die** auf ein längeres Bestehen dieser hinwiesen und als
retrograde Metamorphosen zu **deuten waren**.

Die neueren Forschungen **haben** überdies, gestützt auf **ver-**
**besserte** Untersuchungsmethoden, dargethan, dass in sehr vielen,
**vielleicht in den meisten Fällen** in einem selbst dichten Gewebe
angehäufte **Zellen nicht hier an Ort und** Stelle entstanden, sondern **von anderwärts hieher** gelangt sind.

**Eine** derartige Einwanderung **konnte**, wie in unserem **Falle**
um desto leichter in einem Schlauchnetze **erfolgen, da in** einem
solchen die Zellen mechanisch hineingeschwemmt werden konnten.

Sind die Zellen an **Ort und** Stelle entstanden, dann können
sie nur aus den Endothelien der Lymphgefässe herstammen, wie
es Reklinghausen und Köster für die Carcinome behaupten.
In diesem Falle müsste aber, **da die** Endothelien die einzige, ein
Lymphgefäss einscheidende **Wand** bilden, die scharfe Grenze
dieser Gefässe zu **Grunde gehen**. Das Gefäss, welches in unserem
Falle von dicht gedrängten und gegenseitig comprimirten Zellen
ausgefüllt war, zeigte aber **nirgends** Ausbuchtungen; überdies
liess sich an Stellen, **an welchen die Zellen** von der Wand sich
losgelöst haben, ein **scharfer,** glatter Saum nachweisen, der dafür
spricht, dass eine zarte **Membran** das Gefäss noch immer begrenzt.
**Diese Gründe** sprechen **also** gegen die Ansicht, dass die Zellen
aus den Endothelien sich entwickelt haben, sie konnten also aus
dem benachbarten Lymphgefässe hineingeschwemmt worden sein,
oder sie sind aus der Nachbarschaft hineingelangt. Da die Lymphgefässe des oberen Corium als erste Anfänge der Gefässe auf-

zufassen sind, in den benachbarten Gefässen keine Veränderungen sich nachweisen liessen, so konnten diese Zellen nur aus der Nachbarschaft hineingelangt sein. Das Bindegewebe der Umgebung zeigte jedoch keine Vermehrung von Zellen, so dass die letzteren aller Wahrscheinlichkeit nach aus den Blutgefässen dort hineingelangt sind.

Wenn die Sache sich aber derartig verhält, so darf man das als Beweis ansehen, dass auch im Corium ähnlich wie im subcutanen Bindegewebe einige Blutgefässe in einem näheren Zusammenhang mit den Lymphgefässen stehen, da in den letzteren zahlreiche Zellen sich vorfinden, während in dem Nachbargewebe deren nur wenige vorhanden waren.

Als sicher darf man dagegen annehmen, dass ein seit Kindheit bestehender Knoten des Corium hauptsächlich aus veränderten Lymphgefässen besteht.

Die grösste Aehnlichkeit haben diese Knoten, was ihren anatomischen Bau anbetrifft, mit jenen Neubildungen, welche als Schweissdrüsenadenome beschrieben werden.

Was die Literatur derselben anbetrifft, so verweise ich auf das bekannte Werk von Förster und will hier nur so viel angeben, dass Pagenstecher[1]) eine Geschwulst der Orbita beschreibt, welche aus zahlreichen, dem Verlauf der Lymphgefässe entsprechenden, mit Zellen gefüllten Schläuchen zusammengesetzt war, und dass Pagenstecher, gestützt auf Untersuchungen von Reklinghausen und Köster letztere ebenfalls als veränderte Lymphgefässe ansieht.

Wie schlecht es aber mit unserer Kenntniss der Schweissdrüsenadenome bestellt ist, beweist der Ausspruch Virchow's, dass eben diese Geschwülste noch eine genauere Bearbeitung benöthigen. [2])

Die hier geschilderten Untersuchungen führen uns also zu folgenden Schlüssen:

---

[1]) Beitrag zur Geschwulstlehre. Virch. Archiv B. 45. S. 490.

[2]) Es kommen im Gesichte und am Halse häufig angeborne und im kindlichen Alter erworbene Naevi vor, welche eine grosse Aehnlichkeit im Baue mit den geschilderten Knoten und mit den Schweissdrüsenadenomen besitzen. Ich behalte mir jedoch vor, bei einer anderen Gelegenheit auf dieselben zurückzukommen.

1. Dass ein innigerer Zusammenhang zwischen einigen Blut- und Lymphgefässen des Corium vorhanden ist und dass im subcutanen Bindegewebe letztere besondere, denselben vorwiegend zukommende Blutgefässe besitzen.

2. Dass auch einige pathologische Veränderungen der Haut diese oben ausgesprochene Behauptung bekräftigen, indem

a) in der syphilitischen Induration des Präputium die Lymphgefässe bedeutend erweitert sind;

b) die Lichtung des Lymphgefässes, welches von dem indurirten Präputium begonnen im subcutanen Bindegewebe des Dorsum penis verlauft, ausgefüllt ist mit einem zum Theile zerfallenden, zum Theile sich organisirenden Fibrincoagulum, und die Lymphgefässwand zahlreiche Exsudatzellen zeigt, die in dem umgebenden Bindegewebe fehlen und

c) indem angeborne Hautgeschwülste vorkommen, in welchen die Lymphgefässe ausgefüllt sind mit Zellen, während das Nachbargewebe nur geringe Veränderungen zeigt.

3. Die Härte einer syphilitischen Induration beruht zum Theile auf einer Bindegewebsneubildung.

# II.

# Ueber eine neue Bauchfellgrube, in welcher innere Hernien entstehen, und über Cysten, welche für Inguinalhernien angesehen werden können.

Von Prof. Alfr. Biesiadecki.

Treitz [1]) hat, wie bekannt, drei Bauchfellgruben (Fossae peritonaei) und zwar die Fossa duodeno-jejunalis, intersigmoidea und subcoecalis beschrieben, in welchen die sog. inneren Hernien entstehen können.

Als den vierten Ort, in welchem dieselben vorkommen, muss ich die Fossa iliaca anführen, in welcher in Folge einer anomalen Bildung des oberen Theiles der Fascia iliaca das Bauchfell zwischen den unteren Theil dieser Fascie und den Musculus ileopsoas sich hineinschiebt und auf diese Weise einen Hernialsack bildet, in welchen manchmal auch ein Stück Darmes hineingelangt.

In allen sechs Fällen, in welchen ich die sogenannte Fossa iliaco-subfascialis gefunden habe, waren einerseits alle die von Treitz beschriebenen Gruben deutlicher ausgeprägt, als dies gewöhnlich der Fall ist, andererseits erschien das Bauchfell durch den weiten Leisten- und Schenkelkanal mehr weniger ausgestülpt.

Drei von diesen Fällen will ich hier in Kürze mittheilen, und zwar aus dem Grunde, weil nicht alle auf derselben Stufe der Entwicklung sind, und weil in einem von diesen ausserdem noch eine Cyste sich vorfand, welche für eine Inguinalhernie zu Lebzeiten angesehen werden konnte.

---

[1]) Hernia retroperitonealis. Ein Beitrag zur Geschichte innerer Hernien. Prag. 1857.

2 *

# I. Fall.

Victoria S., 30 Jahre alt, gestorben im Krakauer Set. Lazarus-Spitale.

Das Gehirn blutarm. In den Spitzen beider Lungen mehrere nussgrosse Cavernen mit glatten Wandungen und von einer derben, schiefergrauen Schwiele umgeben. Die Lungensubstanz der unteren Lappen zeigt zahlreiche käsige, lobuläre Infiltrate. Die l. Lunge überdiess zum Theile comprimirt, luftleer, indem in der l. Pleurahöhle 2 Unzen Eiter sich vorfanden.

Das Herz klein, in dessen Höhlen wenig dunkles geronnenes Blut. Im Herzbeutel mehrere Drachmen klaren Serums.

In der Bauchhöhle gegen 5 Unzen eitriger Flüssigkeit. Eine 1½" lange Schlinge des Ileum ist um die Axe ihres Mesenteriums einhalbmal gedreht, an der Kreuzungsstelle das Darmrohr zusammengezogen, während der Rest der Schlinge von Gasen stark ausgedehnt, von einem blassen Peritonäum überzogen ist.

Das Colon descendens unmittelbar vor dem Uebergange in das S romanum schiebt sich in der Fossa iliaca sin. in eine Bauchfellgrube, deren Oeffnung nach oben gerichtet ist und in welche bequem zwei Finger etwa 1½" tief eingeführt werden können. In dieser Grube befindet sich eine 2" lange Schlinge des erwähnten Darmrohres, welche sich mit Leichtigkeit aus derselben herausziehen lässt.

Weder das in der Grube befindliche Darmstück, noch die Nachbarpartien desselben zeigten irgend welche anderweitige Veränderungen.

Nach dem Herausziehen des Darmrohres aus der Grube zeigt sich, dass dieselbe vom Bauchfelle überzogen ist und dass die in dieselbe führende Oeffnung nach vorne begrenzt wird durch eine scharfe Leiste, welche halbmondförmig ausgeschnitten ist, während die Begrenzung nach rückwärts die concave Innenfläche der Fossa iliaca bildet, so dass also die Eingangsöffnung nur vorne einen besonderen Saum besitzt.

Nach dem Abpräpariren des Bauchfells von der Fascia iliaca überzeugt man sich, dass der obere Theil der letzteren, wie so häufig, hier im höheren Grade verdünnt ist, und dem Musculus iliacus anliegt, während der untere Theil derselben bedeutend dicker, stärker gespannt und vom erwähnten Muskel abgehoben ist.

Zwischen der oberen verdünnten und der unteren dickeren Partie der Fascie findet man eine thalergrosse Oeffnung, deren unteren Begrenzungssaum der obere Rand der verdickten unteren Partie der Fascie bildet. Indem derselbe vom Musculus iliacus auf 1″ entfernt ist, so führt die oben beschriebene Oeffnung in eine Grube, welche zwischen dem Musculus iliacus und der Fascia iliaca liegt.

Die Tiefe der vom Peritonäum bekleideten Grube beträgt 1½″; nach der Entfernung desselben könnte man jedoch dieselbe mit Leichtigkeit vergrössern, da das die Fascie mit dem Muskel vereinigende Zellgewebe sehr locker und leicht zerreisslich ist.

Der rechtseitige Processus vaginalis peritonaei für den kleinen Finger etwa auf ½″ Tiefe offen. Aus der inneren Oeffnung des Leistenkanals ragt in die Beckenhöhle eine dünnwandige seröse Cyste von der Grösse eines kleinen Hühnereies gestielt hinein.

Eine ähnliche Cyste tritt auch aus der äusseren Oeffnung des Leistenkanals und liegt gegen die rechte Schamlippe gerichtet an jener Stelle, an welcher die Leistenhernien in der Regel sich vorfinden. Die Flüssigkeit der äusseren Cyste kann auch in die innere hineingepresst werden, an deren Stiel sich eine erbsengrosse Cyste und ein ebenso grosser fibröser Knoten vorfindet. Das rechte Ligamentum uteri rotundum gelangt in den Leistenkanal hinter der hinteren Wand des offenen Processus vaginalis, und inserirt sich am Grunde desselben, wo auch kleine, von ihm ausgehende fibröse Knötchen in die Höhle desselben hineinragen.

Die innere Cyste hat noch das Peritonäum, die äussere dagegen zwei dünne Hüllen zur Auskleidung, von denen die äussere mit der Fascia superficialis cruris, die innere mit der Fascia transversa zusammenhängt.

Leber blutarm, Milz vergrössert, derb. Die linke Niere vergrössert, in Folge einer bedeutenden Erweiterung des Nierenbeckens und der Nierenkelche, in welchen in einer trüben eiterhältigen Flüssigkeit zwei Harnsteine von Bohnengrösse und mehrere kleinere sich vorfanden. Das Nierenparenchym atrophirt, stellenweise kaum 1‴ dick.

Die rechte Niere vergrössert, mässig derb und blutreich. Der Uterus mittelst Pseudomembranen sammt den Ovarien und Tuben an die hintere Beckenwand angeheftet.

In dem vorliegenden Falle müssen wir mehrere Punkte näher beleuchten:

1. Bei der Section fand man eine Ileumschlinge $\frac{1}{2}$ mal um die Axe ihres Mesenteriums umgedreht. Da jedoch **weder** das Peritonäum noch das Darmrohr weitere Veränderungen, **wie** Hyperämie, Entzündung gezeigt **hat**, so kann man mit Bestimmtheit zugeben, **dass** die Torsion **in der** Agonie entstanden ist.

2. Von grösserer Wichtigkeit ist die seröse Cyste, welche aus dem **Processus** vaginalis zum Theile in die Beckenhöhle, zum Theile nach aussen in die Substanz der rechten grossen Schamlippe hineinragte.

In den Leistenkanal schiebt sich ein Bauchfellfortsatz hinein, welcher bei männlichen Embryonen **den** Processus vaginalis perit. bildet und **als Tunica vaginalis** testis den Hoden umgibt; welcher dagegen **in** weiblichen Embryonen nur bis zum äusseren Ring des Leistenkanals **als Processus Nuckii** reicht. Dieser Bauchfellfortsatz verödet **in der Regel** und bildet dann das sog. **Ligamentum Nuckii. Das Ligamentum** uteri rotundum verlauft hinter **dem Lig.** Nuckii durch **den** Leistenkanal und verliert sich nach **Köllicker** im Processus vaginalis peritonaei, nach Andern im Zellgewebe der grossen Schamlippen.

Im beschriebenen Falle ist der Processus Nuckii offen geblieben und das Lig. rotundum endigt am Grunde desselben und besitzt dort mehrere fibröse Knötchen **und** Cysten, welche in die Höhle des Processus Nuckii hineinragten.

Eine von diesen Cysten hatte nun, indem sie an Grösse zunahm, in dem Leistenkanal nicht den gebührenden Platz und gelangte, einerseits das Peritonäum **vor** sich drängend in die Beckenhöhle, andererseits die Fascia transversa und superficialis ausstülpend in das Zellgewebe der **rechten grossen** Schamlippe. Aus diesem **Grunde** ist der in der Beckenhöhle gelegene Theil der Cyste dünnwandig und dessen Wand besteht bloss aus der Cystenmembran **und** dem Peritonäum, der ausserhalb der Bauchhöhle gelegene Theil derselben ist dagegen dickwandig und **die Wand** desselben **besteht** aus der dünnen Cystenmembran und aus der **Fascia transversa** und superficialis. Die Höhlen beider Cysten communiciren miteinander.

Als Beweis dafür, dass diese Cyste neugebildet ist und aus dem Lig. rotundum sich entwickelt hat, kann ausserdem noch angesehen werden der Umstand, dass am Stiel der inneren Cyste kleinere Cystchen und fibröse Knötchen sich vorfinden und dass dieselben innig mit dem Bande verbunden sind.

Die hier beschriebene Cyste hat eine grössere praktische Bedeutung, da ähnliche Cysten häufig Hernien vorgetäuscht haben, und weil die Entwicklung derselben noch zweifelhaft ist. Und so haben nicht Einen Chirurgen Incarcerationserscheinungen zur Vornahme Einer Herniotomie bewogen, bei der es sich herausstellte, dass der die Hernie darstellende, aus dem Inguinalkanal hinausragende Tumor durch eine seröse Cyste gebildet wird, die nicht in einem Bruchsacke liegt und dass häufig erst hinter und über dieser Cyste ein Bruchsack sich vorfand, in welchem eine eingeklemmte Darmschlinge oder ein Stück Netzes gelegen war.

Schauenburg,[1]) Bardeleben,[2]) Teale,[3]) beschrieben Fälle von Hernien, in welchen dieselben durch Cysten allein gebildet waren. Letztere sollen aus dem Netz sich entwickelt haben, was jedoch nicht zugegeben werden kann, da sie von keinem Bruchsacke umgeben waren.

Die meisten Chirurgen behaupten, dass diese Cysten aus Bruchsäcken, deren Bruchpforten verödeten und die acquirirt oder angeboren sein können, entstanden sind, im letzteren Falle die sog. Hydrocele peritonaealis vel congenita.

Ueberdiess unterscheidet Bends[4]) noch zwei Arten der wässerigen Geschwülste der äusseren Geschlechtstheile des Weibes: eine Hydrocele oedematodes vel diffusa, welche ihren Sitz im Leistenkanal hat und auf einer serösen Infiltration des Bindegewebes der runden Mutterbänder beruht und eine Hydrocele saccata, bei welcher die Flüssigkeit in einem geschlossenen Sacke sich befindet, der entweder neugebildet sein kann, also eine einfache Cyste darstellt oder von einer abnormen Verlängerung des Bauchfelles herrührt und sich als eine Geschwulst im Leistenkanal oder auch in den grossen Schamlippen zeigt.

Klob[5]) benützt eine von E. H. Weber aufgestellte Behauptung, nach welcher das Gubernaculum Hunteri, also beim

---

[1]) Deutsche Klinik, 1852. Nr. 10.

[2]) Canstatt's Jahresberichte, Bd. IV.

[3]) Med. Times and Gaz. 1853 Juli.

[4]) Hosp. Moddelesler, B. V., 1853. Siehe Scanzoni's Krankheiten der weiblichen Sexualorgane, 1863. S. 349.

[5]) Pathol. Anatomie der weiblichen Sexualorgane, S. 385.

Weibe das runde Mutterband einen von Muskelfasern begrenzten cylindrischen Beutel bildet, welche aber von Anderen, wie von Kölliker [1]), in Abrede gestellt wird, um die Entwicklung der Hydrocele cystica vel saccata zu erklären, indem durch eine mangelhafte Involution desselben eine Cyste am runden Mutterbande begründet wäre.

Nach Klob findet man am Verlaufe des runden Mutterbandes und zwar meistens am innern Leistenringe dünnwandige, seröse, am häufigsten bohnen- bis haselnussgrosse, mit Serum erfüllte Cysten, und das Verhalten des runden Mutterbandes zu denselben ist ein verschiedenes. Entweder verlauft es in der Wand der Cyste, oder die Cyste ist derartig in den Verlauf des runden Mutterbandes eingeschaltet, dass dasselbe von der Cyste wie unterbrochen erscheint.

Eine andere Entstehungsursache der hieher gehörigen Cysten besteht auf einer Abschnürung des Processus vaginalis peritonaei. Klob führt zwei Sectionsbefunde an, in einem von diesen fand derselbe zwei Cysten, welche in Folge Obliteration des Proc. vag. an zwei Stellen entstanden sein sollen.

Wie gesagt, kommt es ziemlich häufig vor, dass seröse Cysten für Hernien gehalten worden sind, und dass solche neben Bruchsäcken sich vorfinden. Mir selbst sind bei Herniotomien entfernte Cysten zur Untersuchung eingeschickt worden, an denen jedoch ihre Entwicklung sich nicht angeben liess.

Der vorliegende Fall verdient desshalb berücksichtigt zu werden, da er beweist, dass aus dem freien Ende des Mutterbandes, aus der Anheftungsstelle desselben an den Processus vaginalis Cysten sich entwickeln können, und dass dieselben ausserhalb des Peritonäum liegen, jedoch auch durch den Processus Nuckii in die Bauchhöhle hineingelangen können.

3. Im beschriebenen Falle war auch eine Bauchfellgrube zwischen der Fascia iliaca und dem Musculus iliacus, über die später ausführlicher die Rede sein wird. Hier muss nur bemerkt werden, dass in derselben eine Darmschlinge des Colon descendens sich vorfand, und dass die Eingangsöffnung in dieselbe etwa thalergross war.

---

[1]) Entwicklungsgeschichte des Menschen. 1861. S. 457.

## II. Fall.

In diesem Falle war die in die Bauchfelltasche führende
Oeffnung zwei Thaler gross und in derselben befand sich bloss ein
Stück der hinteren Wand des Colon descendens in Form eines
Divertikels.

K. D., 80 Jahre alt, gestorben den 1. Juli im Krakauer Sct.
Lazarus-Spitale.

Der Körper schlecht genährt, die allgemeine Decke blass,
die unteren Extremitäten ödematös.

Die harte Hirnhaut gespannt. Die Innenseiten derselben von
einer papierblattdicken Pseudomembran bekleidet, welche von
der Dura sich leicht abheben und in mehrere Membranen zerle-
gen liess und in welcher zahlreiche frische hämorrhagische Herde
von Stecknadelkopfgrösse sich vorfanden.

Die inneren Hirnhäute ödematös, trübe. Das Gehirn derb,
dessen Windungen schmal. In den Hirnhöhlen gegen ½ Unze
klaren Serums.

In der rechten Lungenspitze eine hühnereigrosse mit Eiter
gefüllte Caverne; im rechten Oberlappen zerstreute Hirsekorn-
grosse, gelbliche, zerfallende Tuberkel. Der rechte Unterlappen
und die linke Lunge blutarm, ödematös.

Im Herzbeutel einige Drachmen Serums. Das Herz schlaff,
sein Fleisch braungelb, mürbe.

Die Leber blutarm, teigig weich, verfettet. Die Milz blutarm, zähe.

Das von zahlreichen Tuberkelknötchen besäete Bauchfell
bildet in beiden Darmbeingruben Taschen, in welche von oben
her entsprechend grosse, und nur vorne einen scharfen Begrenzungssaum besitzende Oeffnungen führen.

Das unterste Stück des Colon descendens ist mittelst eines
straffen Mesocolon fester an die hintere Bauchwand angeheftet
und dessen hintere Wand gelangt in Form eines entsprechend
grossen Divertikels in die Höhle der erwähnten, linksseitigen,
über wallnussgrossen Tasche. Rechterseits ist dieselbe kleiner
und leer.

Nach der Entfernung des peritonealen Ueberzuges der Darm-
beinhöhlen zeigt die Fascia iliaca in ihrem oberen Theile ein
über thalergrosses Loch. Jener Theil der Fascie, welcher über dem

letzteren liegt, ist 1″ breit, sehr dünn und liegt dem Musculus
iliacus an. Der unterhalb der Oeffnung gelegene Theil derselben
ist dick und zeigt fächerartig sich ausbreitende dickere Stränge,
welche von der Sehne des Psoas minor herstammen. Dieser
Theil der Fascie ist vom Musculus iliacus über 1″ entfernt und
begrenzt mit ihrem freien oberen Rande die in die Tasche führende Oeffnung. Auf diese Weise entsteht zwischen dem mittleren
Drittel der Fascie und dem Musculus iliacus eine Höhle von über
Wallnussgrösse.

Der Nervus cutaneus femoris anterior externus gelangt längs
des Musculus iliacus bis auf den Grund der Grube, wendet sich
dann halbkreisförmig gebogen längs der hinteren Fläche der
abgehobenen Partie der Fascia iliaca bis zu deren freiem Rande
und verlauft an dieser Stelle winkelig geknickt längs dieser
Fläche wieder zurück, um schliesslich in normaler Richtung
zur Spina ant. sup. oss. ilei zu gelangen.

Magen und Gedärme normal. Nieren etwas vergrössert, derb,
ihre Corticalsubstanz blass, Pyramiden blutreich.

Die Fossa intersigmoidea und subcoecalis deutlich ausgeprägt.
Durch den erweiterten Inguinalkanal stülpt sich das Bauchfell
heraus und bildet beiderseits einen leeren Hernialsack von der
Grösse einer Wallnuss.

Auch in diesem Falle bildet das Bauchfell linkerseits eine
Grube, indem dasselbe durch ein Loch der Fascia iliaca sich
zwischen letztere und den Musculus iliacus hineinschiebt. Die
Fascia bildet hier eine Tasche, ähnlich einer Wandtasche an
Kutschenschlägen.

Diese Tasche unterscheidet sich dadurch von der erst beschriebenen, dass die Eingangsöffnung in dieselbe — also das
Loch in der Fascie — sehr gross ist, und dass in der Höhle derselben sich nicht eine ganze Schlinge des Colon descendens, sondern
ein Theil der hinteren Wand desselben in Form eines Divertikels
vorfand.

Im vorliegenden Falle war aber auch der Musculus psoas
minor stärker entwickelt und eine verhältnissmässig dicke Sehne
verzweigte sich fächerartig im unteren Theile der Fascia iliaca.
Bei einer verstärkten Thätigkeit dieses Muskels musste dieser
Fasciatheil sich auch vom Musculus iliacus abheben, mit dem
derselbe nur durch lockeres Zellgewebe vereinigt ist.

## III. Fall.

Im 3. Falle war **eine** derartige Grube bei einem Manne, und in derselben fand man, trotzdem die Eingangsöffnung klein war, eine ganze Schlinge des Colon descendens. Josef N., 66 Jahre **alt**, gestorben an Lungenentzündung. In beiden Hüftbeingruben finden sich Peritonäaltaschen. Diejenige der rechten Seite liegt nach aussen vom Coecum, ist wallnussgross und leer; in jene der linken dagegen schiebt sich eine über 2″ lange Schlinge des untersten Colon descendens, welche mit Leichtigkeit sich herausziehen liess und gar keine weiteren path. Veränderungen gezeigt hatte.

Der obere Theil der **Fascia iliaca** ist sehr dünn und liegt dem Musculus iliacus an. Die unteren zwei Drittel dagegen dicker. Der Musculus psoas minor entspringt vom ersten und zweiten Lendenwirbel und übergeht noch über der Crista ilei in eine zwar dünne, jedoch über 2‴ breite starke Sehne, welche zwischen dem Psoas major und der Fascia iliaca verlauft und mit der letzteren innig verbunden ist. Dieselbe inserirt sich mit dem grössten Theile an das Pecten ossis pubis, mit den seitlichen Theilen übergeht sie dagegen fächerartig in die Fascia iliaca und verstärkt hiermit dieselbe. Beim Anspannen des Muskels spannt sich die Fascia und entfernt sich vom Musculus iliacus. Im oberen Drittel befindet sich in der Fascia eine bis thalergrosse Oeffnung, deren oberer Rand dem Darmbeinmuskel anliegt, deren unterer dagegen von diesem entfernt ist und den Nervus cutaneus femor. ant. ext. birgt. Die Oeffnung führt in eine Grube, die unmittelbar neben dem sehr stark entwickelten Lendenmuskel (psoas maj.) liegt. —

Die **Fossa intersigmoidea** et subcoecalis ist bis $1\frac{1}{2}''$ tief.

Die Scheidenhaut des Hodens (Tunica vaginalis testis propria) welche sich in der Regel zwischen Hoden und Nebenhoden hineinschiebt, bildet in unserem Falle einen über bohnengrossen Divertikel, in welchen die schmale zwischen Hoden und Nebenhoden gelegene Eingangsöffnung führt. Im Divertikel liegt ein erbsengrosser, lappiger, derber, durchscheinender freier Körper.

———

Die angeführten drei Fälle, die noch durch weitere drei hätten vermehrt werden können, beweisen, dass ausser der Fossa inter-

sigmoidea, subcoccalis und duodenojejunalis noch eine vierte Bauchfellgrube sich bilden kann, in welche gelegentlich entweder ein
Darmdivertikel oder eine ganze Darmschlinge hineingelangen kann.
Wie bei allen Hernien der Nachweis der Bruchpforte, des
Bruchsackes und dessen Inhaltes nothwendig ist, so haben wir
auch in vorliegenden Fällen versucht, diese drei Bestandtheile der
besprochenen Hernie zu bestimmen.

Die Oeffnung, durch welche das Bauchfell ausgestülpt ist,
befindet sich in der Fascia iliaca. Dieselbe hat jedoch nur in ihrem vorderen Theile einen scharfen Rand, indem der obere
Theil innig dem Hüftmuskel anliegt. Den Bruchsack bildet das
Peritonäum, welches in der Hüftgrube nur durch loses Bindegewebe an die Fascia iliaca angeheftet ist. Dasselbe schiebt sich
durch die erwähnte Oeffnung zwischen diese Fascie und den
Hüftmuskel und bildet dort einen Bruchsack.

Den Inhalt desselben bildet in allen Fällen der untere Theil
des absteigenden Dickdarms.

Es fragt sich nun, ist die beschriebene Hernie eine innere,
oder äussere, ferner, auf welche Weise entsteht sie, und schliesslich, wie soll sie benannt werden.

Es unterliegt keinem Zweifel, dass in allen angeführten
Fällen die beschriebene Hernie die Bauchhöhle nicht verlassen
hat, dass sie hiermit eine innere Hernie war. Eine andere Frage
ist die, ob sie auch eine solche geblieben wäre, wenn sie sich
mit der Zeit vergrössert hätte? Zweifelsohne könnte eine derartige Hernie auch gross werden, da einerseits das lockere Zellgewebe, welches die Fascia iliaca mit dem gleichnamigen Muskel
vereinigt, sich mit Leichtigkeit ausdehnen oder zerreissen lässt,
andererseits das Bauchfell auch nur lose mit der eben genannten
Fascie vereinigt und hinlänglich dehnbar ist um mit Leichtigkeit
sich hineinschieben zu lassen.

Der Grund, warum die beschriebenen Hernien nicht besonders gross sind, liegt in dem eingeschobenen Darme, d. i. dem Colon
descendens, welches fester an die hintere Bauchwand angeheftet
ist und hiermit eine bedeutendere Verschiebung nach unten nicht
erleiden kann. Alle übrigen Bedingungen könnten aber die
Vergrösserung einer derartigen Hernie nur begünstigen. Die
Eingangsöffnung in den Bruchsack ist nämlich nach oben
gerichtet, das Darmrohr kann sich hiermit durch seine eigene
Schwere in den Sack hineinschieben, und die Schwere des ein-

geschobenen Darmstückes, sowie der in demselben angehäuften Fäkalmassen tragen gewiss zur Vergrösserung der Hernie vieles bei.

In unserem zweiten Falle haben wir gesehen, dass nicht eine Darmschlinge, sondern ein Theil der Wand in Form eines Divertikels in den Bruchsack hineingeschoben war, als Beweis, dass das Darmstück so fest an die Bauchwand angeheftet war, dass leichter sämmtliche Darmschichten in Form eines Divertikels ausgebuchtet, als das Darmstück von seiner Befestigungsstelle in den Bruchsack hineingezogen werden konnte.

In den übrigen Fällen hat der Bruchsack eine Darmschlinge eingeschlossen und war gross genug, eine grössere Schlinge zu fassen. In jenen Fällen aber, in welchen die Anheftung des absteigenden Dickdarmstückes loser ist, oder in welchen eine anomal gelagerte Dünndarmpartie in den Bruchsack hineingelangen könnte, könnte die Hernie sich vergrössern und dann würde der Bruchsack längs des Ileopsoas unter dem Poupart'schen Bande in die Lacuna musculorum gelangen, und eine wahre äussere Schenkelhernie im Gegensatze zur inneren Leistenhernie, die durch die Lacuna vasorum heraustritt, darstellen.

Ich zweifle keinen Augenblick, dass unter gewissen Bedingungen die geschilderte Bauchfellgrube den Bruchsack für eine äussere Leistenhernie abgeben kann, und der von Zeis[1]) mitgetheilte Fall, in welchem das Coecum durch die Lacuna musculorum vorgefallen war, dient mir als Beleg für diese Ansicht. In unseren Fällen waren auch rechterseits ähnliche Gruben und es spricht nichts dagegen, dass das Coecum in dieselben nicht hineingelangen kann, obwohl leicht einzusehen ist, dass im Coecum weder die peristaltische Bewegung noch die Richtung, in welcher die Fäcalmassen sich bewegen, die Entwicklung einer Hernie befördern.

In den beobachteten Fällen war die Hernie eine innere, da sie die Bauchhöhle nicht verlassen hat. Bei zunehmender Grösse könnte jedoch dieselbe zu einem äusseren Bruch, und zwar zu einem äusseren Schenkelbruch werden.

Eine andere Frage ist, wieso kommt es zur Bildung der beschriebenen Bauchfellgruben?

---

[1]) Diss. Herniae cruralis externae historia. Lipsiae. 1832.

Es kommt häufig vor, dass die Fascia iliaca eine Falte bildet, welche quer gespannt verlauft zwischen der Spina post. sup. zur Crista ilei int. einen Zoll über der Spina ant. sup. Diese Falte kreuzt sich mit den Muskeln und den Nerven, welche an der Basis derselben liegen und ist über dem Psoas nur niedrig, breiter dagegen (bis ³/₄") über dem Musculus iliacus. Entsprechend derselben bildet auch das Bauchfell eine Falte, an welche der unterste Theil des absteigenden Dickdarmes am straffsten angeheftet ist.

In den vorliegenden Fällen ist die obere Partie der Fascie sehr dünn, ja selbst in der Ausdehnung eines Thalers völlig geschwunden und das anliegende Darmstück hat sich zwischen den unteren Theil der Fascie und den Muskel hineingeschoben und das Bauchfell vor sich gedrängt. Das Zustandekommen dieser Falte hängt dagegen von der Ausbreitung der Sehne des Psoas minor ab, welcher in allen den geschilderten Fällen stärker wie sonst entwickelt war. Die Sehne dieses Muskels verzweigt sich nämlich fächerartig in den unteren zwei Dritteln der Fascia iliaca, welche bedeutend dicker ist als der obere Theil derselben, und welche, dem Musculus iliacus anliegend, nach vorne concav ist. Zieht sich nun der Psoas minor zusammen, so wird die Fascie gespannt und zugleich von ihrer Unterlage, dem musculus iliacus abgehoben. Der obere Theil der Fascie, in welcher die Sehne sich nicht ausbreitet, ist nicht gespannt, sondern liegt vielmehr in Folge der Bauchpresse innig dem Muskel an und ist auch sehr dünn. In jenen Fällen also, in welchen der Musculus psoas minor und die Sehne desselben stärker ausgeprägt ist, bildet die Fascie eine quere Falte an der Grenze zwischen ihrem oberen lockeren und unteren gespannten Theile.

Der untere Theil der Fascie, welcher eine concave Fläche bildet, muss sich aber auch bei der Contraction des Muskels mehr abflachen und hiermit vom Musculus iliacus entfernen. Dieses kann nur dann geschehen, wenn etwas anderes zwischen denselben und den Muskel sich hineinschieben kann, da eine Leere nicht entstehen kann. Die weitere Folge ist also, dass der obere Theil der Fascie hineingezogen (wie hineingesaugt) wird zwischen den unteren Theil derselben und den Hüftmuskel, wobei sie noch mehr sich verdünnt, ja selbst völlig atrophirt. Der Fascie folgt auch das Bauchfell, welches nachgiebiger und elastischer, dem Zuge leichter folgt, so wie der unterste Theil des Dickdarmes welcher mit dem Bauchfell hier inniger vereinigt ist. Die verschiedenen Hernien bezeichnet man nach den Oeffnungen, durch welche ihre Höhlen mit der Bauchhöhle communiciren. Der beschriebene Hernialsack liegt hinter der Fascia iliaca und tritt durch ein Loch dieser Fascie heraus. Aus diesem Grunde würde ich sie als Hernia iliaco-subfascialis bezeichnen.

Die hier mitgetheilten Untersuchungen führen nun zu einem doppelten Resultate.

1. Beweisen sie, dass in manchen Fällen das Bauchfell in der Fossa iliaca eine Grube bildet, welche zwischen der Fascia und dem Musculus iliacus liegt (Fossa iliaco-subfascialis), und welche auch einen Bruchsack für den unteren Theil des absteigenden Dickdarmes abgeben kann (Hernia iliaco-subfascialis) und dass diese innere Hernie bei ihrer weiteren Entwicklung zu einer äusseren, und zwar einer Schenkelhernie, welche durch die Lacuna musculorum nach aussen tritt, sich umwandeln könnte.

In allen sechs Fällen, in welchen die geschilderte Hernie beobachtet wurde, war der Musculus psoas minor stärker als sonst entwickelt und es waren auch andere Bauchfellgruben (wie duodeno-jejunalis, subcoecalis) sowie andere Hernialsäcke (wie inguinalis) vorhanden.

2. Eine Cyste, welche durch den offenen Processus Nuckii in die Beckenhöhle und nach aussen in die grosse Schamlippe hineinragte, hat sich aus dem freien Ende des runden Mutterbandes entwickelt, und konnte für den Bruchsack einer Leistenhernie angesehen werden.

# III.

## Zur Anatomie des Lichen exsudativus ruber Hebra's.

Von Prof. Alfr. Biesiadecki.

Mit 4 Abbildungen.

Hebra bezeichnete mit dem Namen Lichen ruber jene Hauterkrankung, bei welcher sich Knötchen bilden, welche die ganze Zeit hindurch ohne weitere Umwandlungen bestehen, auch ihre Grösse bewahren und weder jemals Bläschen noch Pusteln werden. Durch Zusammenfliessen zahlreicher Knötchen, welche überdiess dunkelroth gefärbt sind und mit der Zeit mit Epidermisschuppen sich bedecken, entstehen ebenso gefärbte Plaques, welche den Stamm, Extremitäten und Gesicht mit Ausnahme der Haut der behaarten Kopf-, Scham- und Achselgegend bedecken.

Von den 14 Kranken, welche Hebra bis zum Jahre 1862 beobachtete, gingen 13 meist an Tuberkulose zu Grunde.

Prof. Rosner stellte im Jahre 1866 in der Krakauer literarischen Gesellschaft einen mit Lichen ruber behafteten Kranken vor, welcher nach mehrmonatlicher Einreibung mit Leberthran geheilt wurde und beschrieb diesen Fall als Lichen ruber benignus im „Przeglad lekarski".

Nach 3½ Jahren erschien jedoch der Kranke im September 1870 mit einer Recidive dieses Uebels, welches denselben Charakter und dieselbe Ausbreitung wie bei der ersten Erkrankung zeigte.

Die ganze Haut, mit Ausnahme der des Kopfes und der Scham bedeckte sich, wie Prof. Rosner mir gefälligst mittheilte, stufenweise mit rothen, hirsekorngrossen Knötchen, welche, an Zahl zunehmend, in einander zusammengeflossen sind, so dass die ganze Haut roth, dick, sehr trocken, rauh und mit dünnen Epidermisschüppchen bedeckt erschien.

Die Knötchen, ursprünglich kaum mohnsamengross, haben sich, nach Rosner, vergrössert bis zur Hanfkorngrösse, sie waren oberflächlicher gelagert als in den gewöhnlichen Fällen des Lichen ruber, die Haut wurde desshalb auch nicht so dick und nicht besonders stark gespannt.

Da nach Hebra die zu Lebzeiten der Kranken noch so genau ausgeprägten Erscheinungen nach dem Tode verschwinden, so war es wünschenswerth, dem Lebenden zum Behufe der anatomischen Untersuchung ein Hautstück zu entnehmen.

Das desshalb von Prof. Rosner aus dem Oberschenkel ausgeschnittene und mir zur Untersuchung übergebene Hautstück zeigte 3 kleine Knötchen, welche in der Mitte mit kleinen Schüppchen bedeckt waren.

Nach Härtung in einer ½ %igen Chromsäurelösung wurden die Schnitte mit Carmin imbibirt und in Glycerin oder Terpentin untersucht.

In Folge der Einwirkung der Chromsäure hatten die Epidermisschüppchen sich von der Schleimschichte losgelöst. Durch die Mitte des Knötchens geführte Schnitte weisen nun Folgendes nach.

An einer 10—12 Papillen an Breite entsprechenden Stelle ist die Schleimschichte eingesunken. An dieser Stelle sind die

Fig. 6.

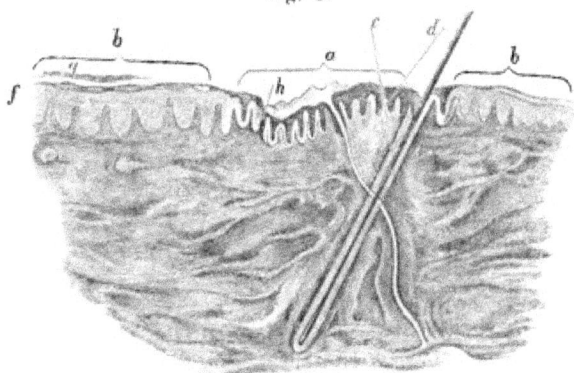

Verticaler Schnitt durch die Mitte eines Knötchens von Lichen exsudativus ruber. *a* centraler atrophischer, *b* peripherer ödematöser Theil des Knötchens; *f* verdickte Schleimschicht, *g* vergrösserte Papillen, *h* geschrumpfte Schleimschichte zwischen kleinen Papillen, *c* schief verlaufender Haarbalg, *d* Schweissdrüsenausführungsgang. Vergrössert 60 Mal.

Papillen sehr schmal, in der Regel auch kürzer, obwohl einzelne vielleicht verlängert sind. Das Gewebe derselben besteht aus dicht aneinandergelagerten parallel zur Längsaxe der Papille verlaufenden trockenen Fasern, zwischen welchen ein schmales, meist leeres und enges Blutgefäss bis zur Spitze der Papille verlauft. Die in der Mitte der Vertiefung gelegene Papille oder deren zwei, sind am meisten verschmälert und verkürzt, die zu beiden Seiten derselben gelegenen zwei oder drei Papillen sind im geringeren Grade verschmälert und gegen die Mitte der Vertiefung mit ihren Spitzen hineingezogen.

Die Schleimschichte, welche den derartig veränderten Papillen entspricht, ist ebenfalls um vieles schmäler als in der Umgebung der Vertiefung, aber auch schmäler als in einer normalen Haut.

Der Grund der Verschmälerung der zwischen und über den geschrumpften Papillen gelegenen Schleimschichte liegt in der Schrumpfung der einzelnen Epithelialzellen, welche zu schmalen, zur Oberfläche der Papillen parallel verlaufenden Schüppchen umgewandelt sind. Die Epithelialzellen dieser Gegend färben sich in Carmin in der Regel bräunlich und nicht rosaroth, wie die der nächsten Nähe, sie sind feingekörnt, scharf contourirt, der Kern derselben bald nicht nachweisbar, bald zackig geschrumpft.

Ueber den Spitzen einiger geschrumpfter Papillen liegt zwischen dem scharfen Contour derselben und den abgehobenen geschrumpften Epithelien ein runder Haufen von rothen Blutzellen (Fig. 7), welcher im Durchmesser meist dem Durchmesser der Papillen entspricht. Diese Zellen sind dicht aneinander gepresst, polyedrisch.

Zu beiden Seiten der beschriebenen Vertiefung der Hautoberfläche findet man eine wallartige, sanft nach aussen abfallende Erhabenheit der Oberfläche, welche die Hauptmasse des Knötchens darstellt und ihren Grund hat in einer Veränderung sowohl der Papillen und ihres Epithelialüberzuges als auch des obersten Corium. Die Breite dieser wallartigen Erhabenheit hängt wohl von der Grösse der Knötchen ab, welche nicht constant ist; die der untersuchten Knötchen betrug auf der einen Seite weniger als $\frac{1}{4}'''$.

An dieser Stelle sind die Papillen um etwas verlängert, jedoch bedeutend breiter (4—5 Mal an ihrer Basis breiter, als die der Vertiefung entsprechenden). Diese Breitenzunahme beruht

einerseits auf einer Verbreitung der Blutgefässe (Fig. 8), welche
sich winden, andererseits darin, dass die Bindegewebsfasern unregelmässig auseinander-
geworfen, verschieden ge-
staltete leere Lücken be-
grenzen. Der Contour der
Papillen ist noch scharf
erhalten. Je näher der normalen Haut desto schmäler
sind die Papillen und nur
der centrale Theil derselben
(die nächste Umgebung der
Blutgefässschlinge)   zeigt
eine derartige Veränderung,
während  der  periphere
Theil aus normal aneinan-
dergereihten Bindegewebs-
fasern besteht. Die Schleimschichte ist über und zwischen  den  verbreiterten
Papillen ebenfalls breiter.
Die Zellen daneben sind
gross, scharf contourirt und
zeigen  einen  deutlichen
Kern. Ueber den am mei-
sten breiten Papillen sind
die Zellen der nächst an-
liegenden Schichten cylin-

.Fig. 7.

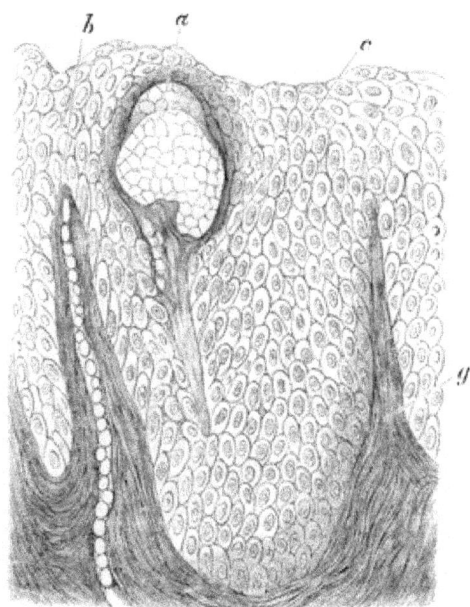

Zwei Papillen an der Grenze zwischen
dem atrophischen und ödematösen Theile des
Knötchens. Papille *b* zeigt ein Blutgefäss voll-
gestopft von rothen Blutzellen. *a* Hämorrhagie
über der schief durchgeschnittenen Papille *c*; Papille
*g* und *b* bilden trockene, derbe Bindegewebsfasern. 350 Mal vergrössert.

derförmig, die Zellen sind schmal und zeigen einen ovalen Kern.
Zwischen denselben findet man aber zahlreiche Fäden, welche
aus einer gekörnten Masse bestehen, scharf contourirt sind und
selbst in die 2. Zellenreihe hineinragen. Die Papille bekommt
dadurch den Anblick, als wenn sie mit feinen Härchen besetzt
wäre, zwischen welchen die schmalen, mit Kernen versehenen
Epithelien liegen.

Die Zellen der mittleren Schleimschichte sind gross, bieten
deutliche Stacheln und scharf begrenzte, mit Kernkörperchen
versehene Kerne.

Häufig geschieht es aber, dass das über der Spitze der
Papillen gelegene Stratum Malpighi bis zur epidermalen Lage

3 *

mit schwacher Vergrösserung beobachtet, ebenfalls ein Netz darzu-
stellen scheint, welches nicht scharf gegen die nächste anliegende
Schleimschichte abge-
grenzt ist. Mit stärkeren
Vergrösserungen betrach-
tet, stellt es sich heraus,
dass an diesen Stellen
verlängerte und mannig-
fach gekrümmte Epithe-
lien ein Maschenwerk
bilden, welches (am Prä-
parate) leere Lücken, oder
aufgequollene hellere noch
einen Kern nachweisen-
de Zellen einschliesst.

Hie und da bemerkt
man, dass in dem aus
Zellen gebildeten Netze
des Stratum Malpighi
über bedeutend verbreiterten Papillen sich auch vereinzelte färbige Blutzellen
vorfinden und dass man
vereinzelte Fäden vorfin-
det, welche aus dem Ge-
webe der Papille, den
Begrenzungssaum der
letzteren durchbrechend,
in das Stratum Malpighi
hineintreten.

Es ist ein stark das

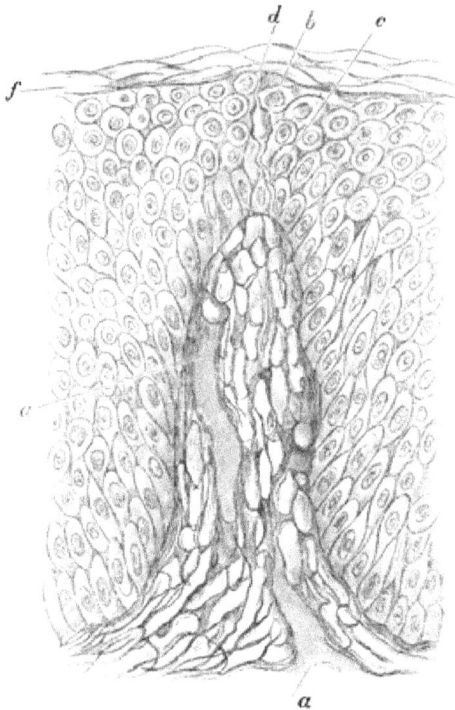

Fig. 8.

Eine Papille sammt Schleimschichte aus
dem ödematösen Theile des Knötchens. *a* erweiterte Blutgefässe. Die Papille selbst besteht aus
einem Netzwerke, welches verhältnissmässig grosse
Lücken einschliesst. *f* Epidermis. *c* Nervenfaser
im Zusammenhang mit einem ovalen Körper (Zelle)
*b*. welcher zur Epidermis einen anderen Faden d
ausschickt.

Licht brechender, von
einem glatten, scharfen Contour begrenzter Faden, welcher aus
der Papille heraustritt und in einem hellen Kanale verlauft, der
zu beiden Seiten ebenfalls von einem scharfen Contour begrenzt
erscheint. Solche Fäden konnte ich an in Chromsäure gehärteten
Präparaten, ebenso wie aus Chlorgold, noch zwischen die Zellen
der 3. Zellenreihe verfolgen, mit dem Unterschiede, dass an letzteren Präparaten der Contour des Schlauches, in welchen der Faden
verlief, nicht sichtbar war.

An einer Stelle (Fig. 8 *b*) hing ein solcher Faden mit einem glänzenden Körper zusammen, welcher vollkommen homogen, im obersten Corium gelegen bis zur Epidermis einen kurzen Faden ausschickte. Auch das Corium ist auf verschiedene Weise einerseits im Centrum des Knötchens, andererseits in der Peripherie desselben verändert. Unterhalb der atrophischen Papillen ist das Corium in der ganzen untersuchten Dicke geschrumpft, indem die Bindegewebsfasern namentlich im obersten Corium dicht aneinandergedrängt, kaum von einander zu unterscheiden, zusammenzufliessen scheinen. Die Blutgefässe sind sehr enge, leer, stellenweise kaum wahrnehmbar.

Im peripheren Theile des Knötchens findet man dagegen solche Veränderungen, welche bei den meisten exsudativen Krankheiten im Corium auftreten.

Wie bekannt, bildet die Haut des Oberschenkels flache Falten, an deren Spitze in der Regel eine Gruppe (2—4) von Papillen aufsitzt. Am Querschnitte stellt sie also Thäler und Hügel dar, an deren höchster Stelle die Papillen sich vorfinden. Die Veränderungen der Papillen haben wir schon kennen gelernt; wir haben gesehen, dass das Gewebe derselben ein feines Netz darstellt, welches der Feinheit der Fasern wegen sich auch in Carmin nur schwach rosaroth färbt. Das subcapillare Coriumgewebe, d. i. jene oberste Schichte desselben, welche inclusive bis zum oberflächlichen Blutgefässnetz reicht, ist jedoch nicht im ganzen Umfange des Knötchens gleichmässig verändert.

Die auffallendsten Veränderungen findet man um die Blutgefässe der Hautfalten; indem erstere bedeutend erweitert in einem Netze verlaufen, welches aus feinen Bindegewebsfädchen besteht. Dieses Netz umgibt je nach dem Caliber des Gefässes in einem entsprechenden Umfange dasselbe und ist scharf begrenzt gegen das fibrilläre Coriumgewebe, es wird gebildet nicht etwa aus sich kreuzenden Bindegewebsfasern, sondern aus einem reticulären Bindegewebe, dessen Knotenpunkte sehr klein sind und in dessen Lücken sehr häufig ovale, rosarothgefärbte, zart contourirte, meist ein Kernkörperchen einschliessende Kerne sich vorfinden.

Ausserdem findet man hie und da auch Zellen, welche an Gestalt, Grösse und Beschaffenheit den Exsudatzellen entsprechen. Dieses netzartige Gewebe setzt sich auch fort einerseits in jenes der Papillen, andererseits begleitet es auch einige gegen die Tiefe des Coriums herabtretende grössere Blutgefässe, umgibt jedoch dieselben beiweiten nicht in jenem Umfange, wie im oberen Corium.

Die Blutgefässe der Papillen als des oberflächlichen Blutgefässnetzes sind wie gesagt bedeutend erweitert, ihre Wand scharf contourirt, dünn und zeigen nur spärliche, in ihr eingebettete Kerne. Die meisten sind leer. Einzelne des tieferen Corium und zwar jene, welche von dem beschriebenen Netze umgeben sind, sind vollgefüllt von rothen Blutzellen, welche jedoch geschrumpft und entfärbt sind und überdiess von einer gleichförmigen, im Carmin rosaroth gefärbten Masse umgeben sind, in welcher runde oder abgeplattete an Grösse den Epithelien der mittleren Schleimschichte gleich kommende leere Lücken sich vorfinden.

Ein einziges derartiges Gefäss reichte bis zum Knäuel einer Schweissdrüse. Es war eine Vene, da es dünnwandig neben einer dickwandigen Arterie gelegen war, theilte sich dichotomisch und schloss zwischen seinen Armen eine Schweissdrüse ein. Der eine Ast desselben verlief neben einem Haarbalge schief zur Hautoberfläche.

Dasselbe war im Verhältnisse zur nebenanliegenden Arterie breit, dünnwandig und zeigte bei einer oberflächlicheren (höheren) Einstellung jene gleichförmige rothe, leere runde Lücken um-

Fig. 9.

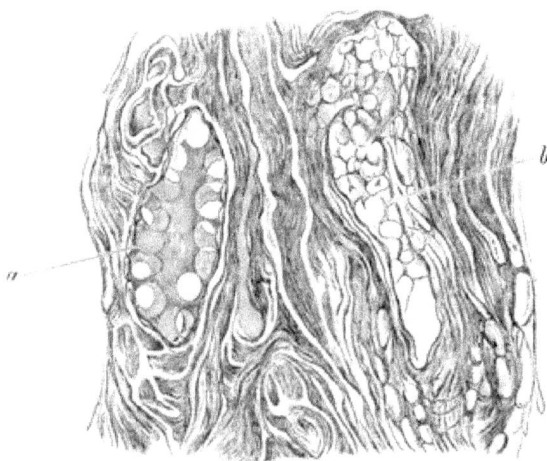

a Querschnitt eines Blutgefässes, ausgefüllt von einer homogenen Masse, welche in der Peripherie runde Lücken einschliesst. b schiefer Schnitt eines ähnlichen Blutgefässes.

schliessende Masse; bei einer tieferen Einstellung dicht gedrängte und polyedrisch abgeplattete rothe Blutzellen. Querschnitte derartiger Gefässe zeigten dasselbe Verhalten.

Ueberdiess findet man aber im mittleren und oberen Corium Quer-, Schief- und Längsschnitte von zartwandigen Kanälen, welche vollständig von einer gleichförmigen (colloiden) Substanz erfüllt waren, in welcher ebenfalls runde Lücken zahlreich sich vorfanden.

Bemerkenswerth ist das Verhalten der Schweissdrüsen und der Haarbälge, da auf die Veränderungen derselben von Seite anderer Untersucher soviel Gewicht gelegt wurde. Der Kürze halber wollen wir die vertiefte Stelle des Knötchens den atrophischen, die erhabene Umgebung desselben den ödematösen Theil des Knötchens bezeichnen.

Obwohl nun in dem exstirpirten Hautstücke viele Haare sich vorfanden, so lag nie weder ein Haarbalg noch ein Schweissdrüsenausführungsgang in der Mitte des atrophischen Theiles des Knötchens, immer in der nächsten Nähe desselben. Ein Präparat, Fig. 1, zeigt z. B. sehr schön dieses Verhalten: der Haarbalg (c) verlauft schief zur Hautoberfläche und liegt in der Nähe der atrophischen Papillen (a), ein Schweissdrüsenausführungsgang (d) kreuzt sich mit demselben und mündet schon in der vertieften Stelle des Knötchens aus.

Dieser Haarbalg zeigt gar keine Veränderungen, der Hals desselben ist gar nicht erweitert, die Talgdrüse, welche über dem Haare zum Theile liegt, ist erhalten, die äussere Wurzelscheide, welche noch sehr weit unterhalb der Drüse im Schnitte liegt, zeigt keine Ausbuchtungen.

Mit Ausnahme der Epithelien des oberen Theiles des Schweissdrüsenausführungsganges, welche ebenso wie die der Schleimschichte, nur in geringerem Grade, geschrumpft, feinkörnig sind, ist der Rest der Drüse vollkommen normal.

Man findet jedoch an anderen Präparaten aus diesem Hautstücke, zwischen den meisten vollkommen normalen Haaren auch solche, welche einige Veränderungen aufweisen. Und so ist der Hals eines Haares, welches gerade von der atrophischen Stelle des Knötchens entfernter lag, erweitert und ausgefüllt mit Epidermalschuppen, welche zum Theile den Haarschaft innig umlagernd in Form einer ziemlich dicken Scheide selbst über die

Hautoberfläche begleiteten, zum Theile locker zusammengefügt, den trichterförmigen Raum ausfüllten.

Ein anderes Haar lag im Knötchen in der Nähe des atrophischen Theiles desselben. Der Haarschaft reichte nur etwas unterhalb der Ausmündung der Talgdrüse, etwa in der Mitte zwischen diesem und dem Körper der Drüse. Das Ende desselben war zerfasert. Die Wurzelscheiden zeigten dagegen oberhalb der Talgdrüse fingerförmige, nach unten gerichtete Fortsätze, welche mit Epithelien ausgefüllt im Zusammenhange waren mit der äussersten Wurzelscheide. Der Rest des Haarbalges war collabirt, gefaltet und an der Basis desselben lag eine geschrumpfte mit etwas Pigmentkörnchen versehene Papille. Die Talgdrüse mit talghältigen Enchymzellen gefüllt.

Nach Hebra[1]) erscheint die Haut der an Lichen Verstorbenen blass, schlaff und zeigt von der Verdickung keine Spur, nur die verdickte Epidermis lässt sich in Form von Schuppen abheben. Die mikroskopische Untersuchung ergab, dass die Wurzelscheiden, welche im Normalzustande als cylindrische Röhre den in der Haut steckenden Theil des Haares umgeben, in trichterförmige, nach unten spitz zulaufende, an der Ausmündungsstelle dagegen erweiterte Gebilde umgewandelt waren, welche wie mehrere lose in einander steckende Düten aussehen, in deren Centrum das Haar sass.

Ausserdem kam noch eine Vergrösserung der Papillae cutaneae an und für sich und eine Erweiterung der in denselben vorhandenen Gefässschlingen vor.

Nach Neumann's Angabe konnte Hillier, (Journal the Lancet) dessen Abhandlung mir nicht zu Gebote stand, nur eine grössere Brüchigkeit einzelner Haare nachweisen. Die Epidermiszellen enthielten zahlreiche, das Licht stärker brechende, in Aether und Alkalien unlösliche Kügelchen, welche mit Sporen Aehnlichkeit hatten.

Isidor Neumann[2]), welcher seine Untersuchungen über Lichen exsudativus ruber an Lebenden entnommenen Hautstücken angestellt hatte, kommt zu dem Resultate, dass „der grössere Theil

[1]) Handbuch der Hautkrankheiten, S. 320.
[2]) Lehrbuch der Hautkrankheiten und Sitzungsberichte der k. k. Akademie in Wien.

der Hautschichten und ihre Adnexen pathologische Veränderungen zeigen."

Die Epithelialzellen vermehrt, zeigen in ihrem Innern fein-körnige Massen, die Zellen des Rete Malpighi bald in mässiger, bald in grösserer Menge angesammelt.

„Die Papillen sind vergrössert, ihr Inneres theils mit weitmaschigen elastischen Fasern ausgefüllt, welche hier gleichwie in der ganzen Lederhaut in auffallend grösserer Menge auftreten, als in einer normalen Haut." Die Blutgefässe erweitert, verlängert und geschlängelt. „Längs der Gefässe sind zahl-reiche Zellenwucherungen, wodurch dieselben einen bedeutenden Querdurchmesser erlangen und anderer-seits den Raum der Gefässpapillen vollständig aus-füllen."

Die Schweissdrüsenausführungsgänge erweitert. „Die Talg-drüsen sind in so geringer Menge vorhanden, so dass sich über ihr Verhalten nicht viel angeben lässt; wahrscheinlich gehen sie zu Grunde. Die interessanteste Veränderung zeigt das Ver-halten der äusseren Wurzelscheide." „Die Zellen derselben sind in grösster Menge am Grund des Haarbalges angesammelt und zwar bilden sie hier regelmässig konische zapfenförmige Fort-sätze, welche nur aus Zellen bestehend der ganzen Wurzelscheide das Ansehen einer acinösen Drüse verleihen. Der Haarbalg ist durch diese Zellenanhäufung erweitert, ohne jedoch auffallende pathologische Veränderungen darzubieten."

„Die Haarwurzel am Grunde wie abgeschnitten, pinselförmig auseinander weichend; auch an dem oberen Theile des Haar-balges sind die Zellen der äusseren Wurzelscheide in grösserer Menge angehäuft."

Es ist anzunehmen, sagt Neumann, dass am Grunde des Haarbalges, wo die Zellen der äusseren und inneren Wurzel-scheide und der Marksubstanz aneinander zu liegen kommen, nicht nur die äussere Wurzelscheide allein, sondern auch die beiden anderen (innere Wurzelscheide und Markzellen) zur Ent-stehung dieser Anhäufungen beitragen." Ueberdiess findet eine Hypertrophie der organischen Muskelfasern statt.

Es freut mich sehr, dass ich die von Hebra und auch von Neumann bei Lichen exsudativus geschilderten Veränderungen an meinen Präparaten gesehen habe. Ich kann trotzdem in den-selben nicht das Wesen dieser Erkrankung herausfinden, indem die trichterförmige Erweiterung der Haarbalgausmündung, welche Hebra als dem Lichen eigen schildert, im geringeren Grade den physiologischen Haarbälgen, im höheren Grade dagegen allen jenen Hautkrankheiten, die mit vermehrter Epidermisbildung einhergehen, zukommt.

Was die Wucherung der äusseren Wurzelscheide am Grunde des Haarbalges und die kolbenförmige Ausbuchtung der letzteren anbetrifft, die Neumann als die interessanteste Veränderung schildert, so ist dagegen einzuwenden, dass diese Veränderung nicht am Grunde des Haarbalges stattfindet, sondern, wie es die Zeichnung lehrt, in der Höhe oder selbst über der Insertion des Arrector pili an den Haarbalg und dass dieselbe meistens an ausfallenden Haaren, mag dieses geschehen aus was immer für einem pathologischen Grunde, zu verfolgen sei.

Fig. 19 Neumann's zeigt dies sehr deutlich. Die innere Wurzelscheide, eigentlich die Huxley'sche Scheide und die beiden Cuticulae hören über der aufgefransten Haarwurzel auf, und die um die letztere gelegenen Zellen sind die Epithelien der äusseren Wurzelscheide, welche aus dem Grunde des Haarbalges dem ausfallenden Haare nachfolgen. Die ungleichförmige Contraction des Haarbalges bewirkt es ebenso hier, wie bei anderen krankhaften Veränderungen, dass diese Zellen nicht einen gleichförmigen Klumpen um die Haarwurzel bilden, sondern in Form von Zapfen dieselbe umgeben.

Beim physiologischen Haarwechsel geschieht diess wohl nicht, da hier die äussere Wurzelscheide in ihrer Lage erhalten bleibt, und ein neues Haar nachwächst.

Ein Zugrundegehen der Talgdrüsen, eine Hypertrophie des elastischen Netzes und der Muskelbündel sieht auch Neumann als nicht wesentlich für den Lichen ruber an. Dasselbe gilt auch von der Gefässerweiterung und von der Zellenwucherung, welche um die Blutgefässe stattfindet.

Nachdem Derby bei Prurigo, Kohn bei Lichen scrophulosorum die Haupterkrankung vom Haare ausgehend gesehen hatten, ich auch dieselbe nur bestätigen kann, so wäre es, um für die mit Knötchenbildung einhergehenden Hautkrankheiten ein gemeinschaftliches, charakteristisches, anatomisches Kennzeichen zu haben, sehr verlockend, auch für Lichen ruber eine Erkrankung des Haares herauszufinden. Ich würde auch eine solche selbst für den Fall, wenn sie im Verhältnisse zu den anderweitigen

Veränderungen nicht am meisten ausgeprägt wäre, aus dem eben angegebenen Grunde gewiss als das Wichtigste auffassen, wenn ich nicht entweder vollkommen normale Haare in dem Lichenknötchen gesehen hätte, oder die am Haare vorgefundenen Veränderungen als solche erklären müsste, welche nicht das Lichenknötchen erzeugen, sondern zufällig in demselben auftreten oder selbst durch andere Veränderungen in der Haut bedingt sind.

Der Eingangs geschilderte anatomische Befund belehrt uns, dass im Lichenknötchen zweierlei Veränderungen stattfinden.

Der centrale Theil des Knötchens besteht nämlich aus geschrumpften (kürzeren und schmäleren) Papillen, deren Bindegewebsfasern dicht an einander gelagert und kaum von einander zu trennen und deren Blutgefässe verengt und leer sind. Eine gleiche Veränderung zeigte auch das oberste Corium. In beiden sind keine zelligen Elemente nachzuweisen, sie sehen trocken und collabirt aus. Dieser Partie entsprechend ist auch das Stratum Malpighi verändert, indem die einzelnen Zellen desselben zu kleinen scharf contourirten Schuppen umgestaltet sind, welche in Carmin sich bräunlich färben und fein gekörnt sind, und in denen in der Regel der Kern nicht nachweisbar ist.

Während der centrale Theil gegen 8 Papillen in sich fasst und an der Oberfläche ein Grübchen zeigt, macht der periphere Theil des Knötchens die Hauptmasse aus, stellt auch das eigentliche Knötchen dar, und zeigt ähnliche Veränderungen, wie man sie bei allen chronischen exsudativen Krankheiten des Corium vorfindet und die man schliesslich als chronisches Oedem des letzteren ansehen muss.

Im Gegensatze zum centralen Theile sind die Papillen des peripheren bedeutend verlängert und erweitert. Das Gewebe derselben zeigt zahlreiche Lücken (am Schnitte), welche von zarten dünnen Bindegewebsfasern begrenzt, wahrscheinlich einen serösen Inhalt einschliessen. Den Fasern anliegend sieht man sehr häufig zart contourirte, ovale, bläschenartige Kerne, welche in der Regel ein Kernkörperchen einschliessen und den Kernen der Endothelien der Lymphgefässe sehr ähnlich sehen. Hie und da liegen Zellen, die mit Exsudat- oder Bindegewebszellen mehr Aehnlichkeit besitzen. Die Blutgefässe sind ebenfalls erweitert, ihre zarten Wände besitzen nur wenig Kerne. Diese Veränderung setzt sich von den Papillen auch auf die oberste Partie des Corium fort.

Das Stratum Malpighi ist über den ödematösen Papillen auch breiter. Einerseits dadurch, dass der Durchmesser der Zellen grösser ist, hauptsächlich jedoch durch Vermehrung der Zellen, von denen die innersten, d. i. die der Coriumoberfläche zunächst gelegenen ein besonderes Verhalten zeigen. Zwischen grösseren, mit Kernen versehenen, cylinderförmigen Epithelien finden sich beinahe abwechselnd dünne Protoplasmamassen, welche in ihrem Innern keinen Kern nachweisen lassen, und selbst über die zweite Zellenreihe hinaufreichen. Dieselben bewirken, dass die Papillenoberfläche selbst mit mässig starken Vergrösserungen angesehen, wie mit Härchen besetzt erscheint. Ueber den Spitzen der Papillen geht diese regelmässige Anordnung der Zellen oft verloren, indem zwischen mannigfach verzogenen Epithelien Lücken auftreten, die bald mit einer aufgequollenen Epithelialzelle ausgefüllt sind, bald leer erscheinen oder farbige Blutzellen enthalten. Oft liegt ein ganzer Haufen farbiger Blutzellen über jenen Papillen, welche in der nächsten Nähe der atrophischen Hautpartie liegen; derselbe hat eine convex-concave Gestalt, ist mit der concaven Fläche gegen die scharf contourirte Papille gerichtet, in welcher nur ausnahmsweise einzelne farbige Blutzellen im Gewebe frei sich vorfinden. Die convexe Fläche desselben begrenzen abgeplattete Epidermidalzellen. Je weiter von der atrophischen Hautpartie, desto seltener und kleiner sind die Haemorrhagien, desto häufiger findet man die Zellen der Schleimschichte über den Spitzen der Papille unregelmässig auseinander geworfen und zwischen denselben Lücken, die am Präparate leer, wahrscheinlich eine seröse Flüssigkeit einschliessen.

Dieses Bild, welches uns das Lichenknötchen anatomisch darbietet, beweist nur, dass im Centrum des Knötchens aus irgend einer Veranlassung eine Ernährungsstörung erfolgt, in Folge welcher sowohl die Papillen und das oberste Corium als auch die Schleimschichte atrophiren. Da nun die Blutgefässe collabirt, enge sind und gestreckt verlaufen, so ist es wahrscheinlich, dass in denselben die Circulation entweder vollkommen aufgehoben, oder nur sehr beschränkt war. In der Peripherie des Knötchens fallen vor Allem die Erweiterung der Blutgefässe, ferner das hochgradige Oedem des Coriums und der Papillen, welches durch das Auseinandergedrängtsein der Bindegewebsfasern sich kundgibt, und schliesslich die kleinen Hämorrhagien auf, die weniger im Gewebe der Papillen als über den Spitzen derselben in der Schleim-

schichte ihren Sitz haben. Es ist wohl möglich und aus dem
Grunde, dass das Knötchen sich nie vergrössert (Hebra), auch
wahrscheinlich, dass die Hämorrhagie und das Oedem in Folge
der collateralen Hyperämie entstanden sind.

Die Veränderungen in den Blutgefässen des tieferen Corium
stehen vielleicht in einem causalen Nexus zu den bis jetzt her-
vorgehobenen Veränderungen, obwohl ich gestehen muss, dass
die Deutung derselben sehr schwierig ist und zwar aus dem
Grunde, weil die vorliegende Erkrankung eine Recidive und
es fraglich ist, ob nicht einige Veränderungen noch von der
ersten Erkrankung zurückgeblieben sind.

Einige Blutgefässe des tieferen Corium, welche zum oberflächlichen Theile desselben hinaufsteigen, um sich daselbst zu einem
Blutgefässnetze auszubreiten, werden ebenfalls von einem ödematösen netzartig angeordneten Gewebe umgeben, welches namentlich hier deutlich von dem übrigen fibrillären Bindegewebe
abstösst.

Dieses reticuläre Gewebe bildet ein Netzwerk, in welchem die
oben beschriebenen ovalen Kerne, Bindegewebs- und Exsudatzellen jedoch spärlich eingebettet liegen. Die Venen sind am
meisten ausgedehnt durch dicht aneinandergedrängte farbige Blutzellen, die Wände derselben sind zart. Zwischen der Venenwand
und dem Blutcoagulum liegt in Form eines Schlauches eine
hyaline, in Carmin schwach röthlich sich färbende, das Licht stärker
brechende Substanz, in welcher kleine, kreisrunde (im Präparate)
leere Räume sich vorfinden. Gegen das Blutcoagulum ist diese hyaline
wahrscheinlich colloide Substanz nicht glatt begrenzt, sondern sie
schickt feine Fortsätze zwischen die Blutzellen hinein. Diese
Veränderung, die aller Wahrscheinlichkeit nach in einer colloiden
Umgestaltung der Endothelien beruht, findet sich nur in einigen
Venen, ist weniger scharf in denen des tieferen Corium ausgeprägt, deutlicher dagegen in denen des mittleren, in welchem
man überdiess Querschnitte von solchen zartwandigen Gefässen
findet, die vollständig mit einer derartigen Substanz (Fig. 4 a)
ausgefüllt sind.

Bei der Kleinheit des mir zu Gebote stehenden Hautstückes
konnte ich keine weiteren Nachforschungen über die chemische
Beschaffenheit der erwähnten Substanz anstellen, glaube jedoch,
dass das mikroskopische Aussehen in der Hinsicht genügend erscheinen wird, da mir keine andere Substanz bekannt ist, die ein

ähnliches Bild darbieten würde, so dass ich dieselbe trotz des Mangels einer chemischen Untersuchung für eine Colloidmasse ansehen muss.

Viel schwieriger lässt sich der Ursprung dieser Substanz nachweisen; es ist wahrscheinlich, dass dieselbe ursprünglich aus den Endothelien entsteht, da die Vertheilung der leeren Räume in den Gefässen von grösserem Caliber, was ihre Vertheilung und Grösse anbetrifft, den Kernen derselben gleichen. Dass jedoch nachträglich auch eine Umgestaltung des Blutcoagulum erfolgt, ist wahrscheinlich, da diese Colloidsubstanz an Dicke zunimmt und sich zwischen die Blutzellen hineinschiebt, wodurch dann in den kleineren Gefässen im Centrum der Colloidsubstanz ein dünner Strang des Blutcoagulum zurückbleibt und schliesslich das ganze Gefässlumen ausfüllt.

In Kürze will ich hier erwähnen von dem Vorgange, der bei der Entwicklung der Epithelien der Schleimschichte stattgefunden hat. Die Zellen der Schleimschichte fanden sich gewiss in vermehrter Zahl in mehreren Lagen über den ödematösen Papillen. Die tiefsten Epithelien waren cylinderförmig und haben einen ovalen Kern eingeschlossen; zwischen diesen lagen aber Protoplasmafäden, welche von der Papillenoberfläche bis über die zweite Zellenreihe hinaufragten. Dieselben erinnern mich an ähnliche Fäden, welche ich aus den auf die Coriumoberfläche ausgetretenen Exsudatzellen, die in Epithelien sich umwandeln, an der Froschschwimmhaut beobachtet habe.[1] Auch hier machen diese Fäden auf mich den Eindruck, als wenn sie mit Gewalt zwischen die Epithelien hineingezwängt worden wären, wodurch sie eben zu diesen Fäden ausgezogen sind.

Man kann aber in der Schleimschichte noch andere Fäden vorfinden, welche der Papillenoberfläche nicht derartig aufsitzen, wie die zuletzt erwähnten, sondern den Contour der Papille durchsetzen und aus derselben heraustreten. Dieselben haben einen besonderen Glanz und zeigen neben dem einfachen Contour, der sie begrenzt, noch zu beiden Seiten einen zweiten Contour, den Saum einer zarten Hülle, die den Faden umgibt. Es sind Nervenfasern, die aus der Papille austreten und die ich ebenfalls bis zur dritten Zellenreihe verfolgen konnte und die in Prä-

---

[1] Ueber Blasenbildung und Epithelregeneration in der Schleimhaut des Frosches. Sitzungsberichte der k. k. Akademie in Wien.

paraten aus Chromsäure sich insoferne anders darstellen, wie in jenen aus Chlorgoldlösung, als sie aus letzterer diese Hülle nicht zeigen. Was die Veränderungen der übrigen Hautbestandtheile bei Lichen ruber anbetrifft, so sind dieselben im Verhältnisse zu den geschilderten sehr gering. Haare, die durch das Knötchen in der Nähe der atrophischen Partie derselben durchziehen, traf ich vollkommen normal. Ein Haar zeigte eine trichterförmige Erweiterung des Haarbalgausführungsganges, wie gesagt eine Veränderung, welche auch anderen Krankheiten zukommt, ferner ein Haar, dessen zerfaserte Haarwurzel unterhalb des Ausführungsganges der Talgdrüse gelegen war und dessen äussere Wurzelscheide zapfenförmige Fortsätze besass, gleich denen wie sie Neumann nur unterhalb der Talgdrüse beschrieben hat. Auch diesen Befund kann man an vielen Orten, namentlich an beginnenden Glatzen machen, und es dürfte dasselbe dann geschehen, wenn das Haar ausfällt und ein zweites nicht mehr nachwächst, indem die äussere Wurzelscheide dem Haare folgt und den Haarbalg verlässt.

Die Untersuchung eines einzelnen Falles genügt wohl nicht, um ein klares Bild über die anatomischen Veränderungen zu bieten; können doch Veränderungen, die mit dem Wesen der Krankheit nichts gemein haben, und nur zufällig, z. B. durch Kratzen entstanden sind, mit zum Krankheitsbilde eingerechnet werden. In unserem Falle fällt die Entscheidung um so schwerer, als die Erkrankung als Recidive aufgetreten ist und es sich hiermit nicht angeben liess, ob nicht einzelne Veränderungen noch von der ersten Erkrankung übriggeblieben sind.

Um desto angenehmer war mir, Präparate von einem anderen Falle untersuchen zu können, die mir mein Freund, Dr. Moriz Kohn zur Verfügung gestellt hat. Die Haut ist einem Lebenden entnommen worden, welcher zum ersten Male den charakteristischen Knoten eines Lichen exsudativus ruber dargeboten hat.

Man findet an diesen Präparaten dieselben im ersten Falle geschilderten Veränderungen, eine centrale atrophische Stelle des Stratum Malpighi, des Papillenkörpers und oberen Corium, welche immer in der Nähe eines Haares und zwar entsprechend der Ansatzstelle des Arrector pili an das oberste Corium, gelegen war, dann eine periphere ödematöse Partie mit den oben geschilderten Kennzeichen.

Nur die Gefässe zeigten nicht die für den ersten Fall angegebenen Veränderungen. Es ist nun möglich, dass im zweiten
Falle die Erkrankung noch nicht so weit vorgeschritten war, oder
dass im ersten Falle die Veränderungen von der ersten Erkrankung abstammen, oder schliesslich, dass dieselben nichts mit dem
Lichenknötchen gemein haben.

Wie immer dieses sich verhalten mag, dieses steht fest,
dass das Lichenknötchen aus einem centralen atrophischen und
peripheren ödematösen Theile besteht, was auch die makro-
skopische Beobachtung eines jeden, selbst des kleinsten
Knötchen bestätigen kann, indem dasselbe eine centrale
Delle in seiner Mitte zeigt. Diese Delle entspricht aber nicht
einem Haarbalgausführungsgange, da sie zu flach und zu breit
ist und auch nicht aus ihrer Mitte ein Haar austreten lässt, sie
ist bedingt dadurch, dass eine Reihe von Papillen sich verkleinern, verschmälern und hiermit die Hautoberfläche einsinkt.

Durch diese centrale Einsenkung, durch die Atro-
phie einer kleinen Gruppe von Papillen und des entsprechenden Corium unterscheiden sich also die Knötchen des Lichen exs. rub. von den Knötchen, welche
bei anderen Hautkrankheiten, wie Prurigo, Lichen
scrophulosorum auftreten.

Es frägt sich nun, ob wir in anderen Organen nicht ähnliche
Erkrankungen kennen? Die grösste Aehnlichkeit haben wohl die
Lichenknötchen mit acuten Tuberkeln anderer Organe, namentlich der serösen Häute, von denen sie sich nur durch Zellenarmuth
unterscheiden. Der Umstand jedoch, dass der ganze Krankheitsverlauf kein acuter ist und dass in einigen Fällen eine Resorption
der Knötchen beobachtet worden ist, spricht gegen eine derartige
Auffassung.

# IV.

## Zwei seltene Bildungsfehler des Herzens.

Von Prof. **Alfr. Biesiadecki.**

Vorliegende zwei Fälle von Herzanomalien verdienen eine genauere Berücksichtigung aus zwei Gründen. Erstens stellen sie Bildungsfehler geringeren Grades dar, die keine secundären Veränderungen veranlasst haben. Die in der Literatur bekannten ähnlichen, jedoch mehr vorgeschrittenen Herzfehler waren alle mit anderen entweder combinirt, oder haben in Folge von Behinderung des Blutkreislaufes weitere Herzanomalien zur Folge gehabt. Die Entscheidung, welche von diesen die primäre und welche die consecutive war, liess sich nicht immer endgiltig entscheiden, so dass darüber die Ansichten der Anatomen getheilt sind. Die hier mitgetheilten Fälle erlauben uns aus den angeführten Gründen diese Frage mit Sicherheit zu beantworten. Zweitens gestatten sie, wie Bildungsfehler überhaupt, Rückschlüsse auf die normale Entwicklung des Herzens.

Da ich schliesslich Beschreibungen von analogen Bildungen nirgends vorgefunden habe, so entschuldigt sich damit die Veröffentlichung derselben, wobei ich jedoch gestehen muss, dass bei dem traurigen Zustande unserer Bibliotheken die Literaturangaben nur sehr spärlich ausfallen mussten und nichts weniger als auf Vollständigkeit Anspruch machen können. Die entsprechenden Abhandlungen lagen mir meist nur im Auszuge (in Schmidt'- oder Canstat'schen Jahresberichten) vor.

Der erste Fall betrifft einen anomalen Fleischtrabekel der rechten Kammer, der bei der Section eines 27jährigen Taglöhners gefunden wurde.

Unters. a. d. Krakauer anat.-path. Institute.

Die Section constatirte ausgebreitete Caries necrotica des linken Hüftbeines, Vereiterung der Inguinaldrüsen, amyloide Degeneration der Milz und Nieren, allg. Hydrops mit Compression der hinteren Antheile beider Lungen.

Im Herzbeutel einige Unzen klaren Serums. Das Herz schlaff, von entsprechender Grösse, unterhalb des Pericardiums über der rechten Kammer eine mässige Menge Fettgewebes. Die rechte Kammer geräumig, ihre Wand stellenweise kaum $\frac{1}{2}'''$ dick.

Schief von vorn und unten nach hinten und aufwärts verläuft durch den Conus arteriosus pulmonalis ein $2'''$ dicker, cylinderförmiger und $11'''$ langer Fleischbalken, welcher unmittelbar unter der linken Semilunarklappe der Arteria pulmonalis aus dem Septum ventriculorum mit drei, durch sehr schmale Spalten von einander gesonderten Fleischtrabekeln entspringt. Derselbe inserirt sich an der vorderen Wand der rechten Kammer $9'''$ unterhalb der vorderen Semilunarklappe, indem er in die flachen und sich mannigfach kreuzenden Fleischtrabekel dieser Wand übergeht. Von der Ursprungsstelle dieses Fleischbalkens am Septum ziehen sowohl nach vorn als nach oben gegen die vordere Herzwand zwei Muskelwülste. Der vordere Wulst verlauft von oben nach vorn und unten und bildet über dem Septum nur eine flache Hervorragung der Septumwand, vom vorderen Theile der letzteren übergeht derselbe in Form eines $3'''$ dicken, in die Herzhöhle stark hineinragenden Trabekels in die vordere Herzwand, wo er in zahlreich anastamosirende flache Trabekel übergeht. Der obere Wulst verlauft nur eine kleine Strecke über dem oberen Theile des Septum und übergeht dann in jenen Wulst der vorderen Wand, welcher den Conus arteriosus vom venösen Theile der rechten Kammer auch im physiologischen Herzen nur weniger ausgeprägt abgrenzt. Beide Wülste verlaufen in der vorderen Wand einander zugekehrt, erreichen sich jedoch gegenseitig nicht.

Denkt man sich eine Ebene durch die Fleischwülste gelegt, so würde diese schief von rechts, unten und vorn nach links aufwärts und hinten zum oberen Rande des Septum ventriculorum verlaufen und den Conus arteriosus von dem venösen Theile der Kammer abgrenzen.

Diese Ebene würde mit der vorderen Herzwand einen Winkel von $45^0$ bilden. Der oben beschriebene Fleischbalken bildet mit der erwähnten Ebene ebenfalls einen Winkel von mehr weniger 45⁰, steht hiemit senkrecht auf der vorderen Herzwand Derselbe begrenzt mit der Herzwand zwei Oeffnungen, welche eine Wallnuss mittlerer Grösse leicht durchlassen würden.

Die linke Semilunarklappe ist gegen den Fleischbalken, der unmittelbar unterhalb derselben entspringt, nach unten ausgezogen, ihre Höhle in Folge dessen tiefer.

Alle drei Semilunarklappen sind zart und zeigen nirgends eine Verdickung. Die Sehnenfäden des linken Zipfels der Tricuspidalklappe entspringen aus einer papillenähnlichen kurzen Erhabenheit des Septum, welche unterhalb der Insertion des erwähnten Fleischbalkens liegt. Das den Fleischbalken überziehende Endocardium ist wie über der ganzen Kammerwand zart und glänzend.

Die Wand des linken Ventrikels misst an der dicksten Stelle 5'''.

Sowohl die Bicuspidal- als auch die Aortenklappen sind zart und von den Ostien entsprechender Grösse. Letztere normal weit. Das Foramen ovale, der Ductus Botalli und die Pars membranacea septi geschlossen.

Es unterliegt wohl keinem Zweifel, dass der vorgefundene, das Septum mit der vorderen Herzwand vereinigende Fleischbalken einen anormal verlaufenden Herztrabekel darstellt, der nicht einer krankhaften Veränderung des Endocardiums oder des Herzfleisches sondern einer fehlerhaften Bildung seinen Ursprung verdankt.

Dieses beweist nämlich einerseits der Mangel selbst der geringsten Veränderung im Endocardium und im Herzfleische, andererseits der Vergleich mit anderen Herzen, in denen sehr häufig abnorme Fleischbalken sich vorfinden. So will ich hier daran erinnern, dass das Septum ventriculorum, was die Dicke desselben und den Verlauf der Fasern anbelangt, eigentlich der linken Kammer angehört und dass jener Theil der Herzwand, welcher sich an das Septum namentlich vorn inserirt, sehr dünn ist, ja manchmal kaum ½''' ausmacht. Zur Verstärkung dieser offenbar zu schwachen Vereinigung verlaufen dann in grösserer Anzahl mächtige Fleischtrabekeln vom Septum durch die Herzhöhle zur vorderen Herzwand. In der Regel finden sich diese nur in dem unteren Drittheile des Herzens, manchmal reichen sie bis zum oberen Drittel desselben, und da geschieht es auch, dass solche

Trabekeln nur durch schmale Spalten von einander getrennt in
einer Flucht von oben nach unten verlaufen und dadurch einen
kleinen Theil der rechten Herzhöhle, welcher zwischen der vorderen Wand und dem vorderen Theile des Septum liegt, von der
eigentlichen Höhle abgrenzen. Natürlich communiciren diese beiden
Höhlen durch zwischen den Trabekeln gelegene Spalten mit einander, so wie es auch zu geschehen pflegt, dass über dem Conus
arteriosus nach innen und vorn eine besondere grössere Oeffnung von oben in die kleinere Höhle führt.

Auch in dem eben beschriebenen Herzen verlaufen in der
Herzspitze zahlreiche Trabekeln vom Septum zur vorderen Wand
und begrenzen dadurch sinusähnliche Räume.

Geschieht es nun, dass ein derartiger Trabekel schon im
obersten Drittel des Septum zur vorderen Wand hinzieht, so bekommen wir eine Bildungsanomalie, welche der des beschriebenen
Herzens entspricht.

Einen ähnlichen Muskelbalken fand ich nirgends beschrieben, ich glaube aber auch, dass der vorliegende Fall nur einen
geringeren Grad jener seltenen Anomalie darstellt, bei welcher
eine Trennung des rechten Ventrikels durch eine muskulöse
Scheidewand in einen venösen und arteriellen Theil erfolgt, da
durch eine Verbreitung und Verwachsung desselben mit der vorderen und hinteren Wand eine Scheidewand zu Stande kommen
würde, welche in derselben Richtung verlaufen würde, wie eine
solche in den bekannten Fällen verlauft.

So beschreibt Thomas Bewill Peacock [1] das Herz eines
Knaben von 25 Monaten, dessen rechte Herzkammer durch eine
starke muskulöse Scheidewand getrennt war, welche in der Mitte
eine grössere den Zeigefinger durchlassende Oeffnung und zwei
kleinere daneben hatte. Der venöse Theil der Kammer mit
5½''' dicken Wandungen communicirte mit der Aorta, der
arterielle war kleiner, hatte 2—3''' dicke Wände und aus ihm
entsprang eine enge Pulmonalarterie mit zwei verdickten Semilunarklappen. Das Herz mehr breit als lang, der rechte Vorhof weit
und dickwandig, die Valv. Eustachii (Foram. ovale) bis auf eine
gänsekielgrosse Oeffnung geschlossen. Das linke Herz dünnwandig, schlaff und klein.

---

[1] Transact. Med. Chirurg. XII. 1847. Schmid's Jahrb. B. 64.

Bei dieser Gelegenheit erwähnt **Peacock**, dass ein überzähliges Septum eine Seltenheit sei, obwohl ein Defect im Septum ventriculorum häufiger vorkomme. **Dieser finde sich dann stets zwischen der Portio venosa des rechten Ventrikels und dem Ursprunge der Aorta; auch theilten dann immer die von der Mündung der Arteria pulmonalis längs des vorderen Kammerrandes streichenden verstärkten Fleischbündel den Ventrikel in die zwei Portionen.** Im erzählten Falle war diese Muskelmasse von ungewöhnlicher Stärke und bildete ein Septum.

**Le Gros-Clark** [1]) beschreibt das **Herz eines 19jährigen Schuhmachers**, welches durch eine enorme Erweiterung des rechten Vorhofes und Herzohres sehr vergrössert ist. Das linke Herz hat schwächere Wandungen, ist sonst normal. Die Klappe des eirunden Loches nicht ganz geschlossen. Tricuspidalis etwas verdickt. Die Wände der rechten Herzkammer 9''' und doppelt so dick als die der linken. Am vorderen oberen Theile dieser Kammer zwei kreisrunde einen mässigen Gänsekiel kaum durchlassende Oeffnungen mit weisser Einfassung. Die untere führte in einen 1'' weiten muskulösen Sack, aus welchem die Arteria pulmonalis entsprang, die nur zwei Semilunarklappen hatte. In einer Entfernung von 7''' nach oben und links lag die andere Oeffnung und mündete zwischen zwei Semilunarklappen in die Aorta, so dass ihr Rand zum Theile von der eigentlichen Arterienhaut, zum anderen Theile von den Muskelfasern der linken Kammer gebildet war.

Es liegt nicht in meiner Absicht sämmtliche in der Literatur bekannte Fälle, die sich auf zwanzig belaufen, hier anzuführen, um desto weniger als Andere wie **Stölker**[2]), **Kussmaul**[3]), H. **Meyer**[4]) etc. sich dieser Mühe unterzogen haben. Ich habe die ersten zwei Fälle angeführt, weil ihrer **Meyer** in seiner Abhandlung nicht erwähnt und will nur noch den Fall von **Meyer** und den neuesten von **Böhm**[5]) genauer beschreiben, um dann zeigen zu können, dass dieses die rechte Kammer in zwei Theile trennende Septum dieselbe Richtung einnimmt, in welcher der in unserem Falle beschriebene Fleischbalken verlauft.

---

[1]) Med. Chir. Transact. XII. 1847. (Schmid's Jahrb.) 59. B.

[2]) Ueber angeborne Enge der Art. pulm. Dissert. Bonn. 1864.

[3]) Ueber angeborne Enge und Verschluss der Lungenarterienbahn.

[4]) Virchow's Archiv. Band XII.

[5]) Berliner mediz. Wochenschrift. 1870. Nr. 35.

Böhm beschreibt das Herz eines 1¼ Jahre alten **Knaben**, dessen Conus arteriosus pulmonalis vom Cavum des Ventrikels durch eine dicke, wulstig stark prominirende Muskelleiste deutlich abgegrenzt war, so zwar, dass die Communicationsöffnung zwischen beiden einen Rabenfederkiel passiren lässt. Diese Muskelleiste **wurzelt** an der rechten vorderen Wand der Höhle, zieht von hier schief nach aufwärts und inserirt gegen den vorderen Rand des Septum ventriculorum. Der durch diese Leiste von der Ventrikelhöhle abgeschnürte Conus arteriosus pulmonalis bildet so gleichsam einen zweiten kleinen rechten Ventrikel von dreieckiger Form, dessen Basis die Wurzel der Arteria pulmonalis darstellt. Letztere ist eng und besitzt zwei Klappen. Die Tasche der linken Klappe ist tiefer als die der rechten.

Das Septum ventriculorum entsprechend der membranösen Portion perforirt. Die Oeffnung liegt nach rückwärts vom Muskelwulste zwischen ihm und der inneren Tricuspidalklappe. **Das Foramen** ovale auch nur zur Hälfte geschlossen.

In dem Falle von H. Meyer (12jähriges Mädchen) bildet der zwischen der Valvula tricuspidalis und dem Septum ventriculorum liegende Theil der rechten Kammer eine rundlich erweiterte Höhle, welche sich von der übrigen Kammer durch eine von hinten her stark vorspringende Trabecula carnea abgrenzt. In diesem Raume bemerkt man drei Oeffnungen, nämlich zu hinterst eine Oeffnung des Septum ventriculorum, entsprechend der membranösen Portion, nach links und vorn den Ursprung der Aorta (aus der linken Kammer entsprang kein Gefäss), weiter nach vorn und etwas nach unten von derselben findet man eine sehr kleine rundliche Oeffnung vom circa 7 Mm. Durchmesser zwischen den Trabeculae carneae versteckt. Dieselbe wird durch einen senkrechten, unten zweitheiligen Muskelbalken, welcher das mittlere Drittel der Oeffnung schliesst, in einen vorderen und hinteren Theil getrennt. Durch diese Oeffnung gelangt man in den oberen Theil des Conus arteriosus, aus welchem eine nur zwei Semilunarklappen besitzende Lungenarterie entspringt.

In allen hier aufgeführten und auch in allen bekannten Fällen mit abnormem Septum der rechten Kammer communicirte der venöse Theil derselben durch ein Loch des Septum ventriculorum entsprechend der Pars membranacea desselben mit dem linken Ventrikel.

Dieses beweist uns, und die Beschreibungen bestätigen es auch, dass die Scheidewand unmittelbar unterhalb der linken Semilunarklappe vom Septum der Kammern entspringen musste, ähnlich wie der in unserem Fall beschriebene Fleischbalken. Da diese Scheidewand mit der rechten und vorderen Wand der Kammer vereinigt war, und schief nach rechts unten und vorn verlief, so musste sie sich an der vorderen Wand in einiger Entfernung von der rechten Semilunarklappe inseriren.

Da ferner in den meisten beschriebenen Fällen im Endocardium über oder neben der Scheidewand Verdickungen oder selbst schwielige Massen sich vorfanden, so führte man diese Anomalie auf eine durch ein endo- oder myocarditisches Exsudat erzeugte Verengung der Herzwand.

Der Umstand jedoch, dass in einigen Fällen die Scheidewand ohne jede schwielige Verdickung nur aus Muskelsubstanz bestand, ferner, dass dieselbe in allen Fällen in derselben Höhe sich vorfand und in derselben Richtung verlief, spricht entschieden für eine Bildungsanomalie und der vorliegende Fall bestärkt in dieser Ansicht, indem auch in demselben weder das Endocardium noch der Muskel entzündliche Veränderungen darbot.

In allen den bekannten Fällen mussten auch secundäre Veränderungen stattfinden, da die Scheidewände der Entleerung des Blutes aus der rechten Kammer in die Pulmonalarterie bedeutende Hindernisse in den Weg legten. Es kam desshalb immer zu einer Hypertrophie des venösen Theiles der rechten Kammer, zu einer Durchlöcherung des Septum ventriculorum, zum Mangel des Septum atriorum oder wenigstens zum mangelhaften Verschluss der Valvula foraminis ovalis.

Dass hypertrophirte Herzwandungen, welche einem bedeutenden und verstärkten Blutdrucke durch längere Zeit ausgesetzt sind, leichter dem entzündlichen Processe anheimfallen, ist eine schon längst bekannte Sache; desshalb wird es uns nicht wundern, dass in solchen muskulösen Scheidewänden, oder in deren Umgebung und im Endocardium Residuen der Entzündung sich vorfinden werden, aber ebenso wie die Perforation des Septum etc. als Folgezustand des erschwerten Blutkreislaufes aufzufassen ist, so muss auch die Schwielenbildung für eine secundäre Bildung angesehen werden.

In unserem Falle konnte der schmale Fleischbalken den Kreislauf nicht hindern; er bewirkte nur, dass der Blutstrom im

Conus arteriosus sich in zwei Ströme theilte, desshalb finden wir keine weiteren Veränderungen, weder am Endocardium noch im Herzfleische, sowie andererseits auch die obenerwähnten Communicationsöffnungen zwischen den Blutbahnen des kleinen und grossen Kreislaufes geschlossen waren.

Aus vielen Gründen kann ich auch der Ansicht[1]) nicht beipflichten, dass bei der erwähnten Septumbildung in der rechten Kammer eine Trennung der Pars venosa von dem ganzen Conus arteriosus erfolgt. In jedem normalen rechten Ventrikel und auch in unserem Fall und in dem von Meyer findet man eine Abgrenzung dieser beiden Theile durch Muskelwülste angedeutet. Eine muskulöse Scheidewand aber, welche durch eine Verbreitung dieser Wülste zu Stande gekommen wäre, würde den grösseren (oberen) Theil der Septumwand in den Bereich der arteriellen Partie der Kammer bringen. In den bekannten Fällen communicirt jedoch der venöse Theil mit der linken Kammer durch eine Oeffnung des Septum ventriculorum, die der Pars membranacea desselben entspricht, ja in dem Falle von Peacock selbst mit der Aorta. Daraus erhellt nun, dass das ganze Septum unmittelbar unterhalb der linken Pulmonalklappe im Bereiche des venösen Theiles sich befand, dass hiemit die anomale Scheidewand nicht in jener Richtung verlief, in welcher die beschriebenen, den Conus arteriosus von der Pars venosa abgrenzenden Muskelwülste hinziehen.

Es ist desshalb nur der obere Theil des Conus von dessen unteren und der Pars venosa abgegrenzt.

---

Der zweite Fall betrifft einen 30jährigen Taglöhner, welcher an Lungen- und Darmtuberculose, Bright'schen Nierenerkrankung und allgem. Hydrops gelitten hat.

Im Herzbeutel einige Unzen klaren Serums. Das Herz schlaff von entsprechender Grösse. Die linke Kammer enthält flüssiges, locker geronnenes Blut.

Die Wandungen 5″ dick, ihre Höhle von normaler Weite. Die zweizipflige Klappe zart, nur an der Insertionsstelle einige Sehnenfäden, welche an die äussere Fläche sich anheften, verdickt.

---

[1]) Förster's Missbildungen. S. 143.

Die Fäden zart und zahlreich vorhanden. Der vordere (innere) Zipfel der Bicuspidalis ist grösser und misst von der Anheftungsstelle bis zur Spitze 11‴, der hintere (äussere) kaum 6‴. Drei von dem hinteren Papillenmuskel entspringenden zarten Sehnenfäden und ein von der Klappe herkommender vereinigen sich etwa 2‴ von dem Rande der letzteren entfernt zu einem stricknadeldicken, $1\frac{1}{2}''$ langen, glatten und cylindrischen Faden, welcher längs der inneren Klappe durch das Ostium venosum sin. in die linke Vorkammer gelangt und sich an den vorderen Rand der Valvula foraminis ovalis, indem er fächerartig in derselben sich ausbreitet, inserirt.

Diese Klappe ist zart, etwas gegen die linke Vorkammer ausgebuchtet und zeigt zwischen ihrem vorderen Rande und dem Isthmus Vieusenii einen 5‴ langen Spalt, welcher durch Abheben der Klappe vom Limbus in einen von vorn und links nach hinten und rechts verlaufenden Kanal führt, der in die rechte Vorkammer einmündet.

Die Länge dieses Fadens entspricht knapp der Entfernung der Klappe des eiförmigen Loches von der zweizipfligen Klappe, wenn diese während der Diastole in die linke Kammer sich senkt; ein leiser Zug an derselben genügt, um die erstgenannte Klappe auszubuchten und vom Limbus zu entfernen, wodurch der Spalt eben erweitert wird.

Die rechte Kammer ist geräumig, ihre Wand bis 2‴ stellenweise dick, die 3zipflige Klappe sehr dünn, die hintere, deren zarte Sehnenfäden meist direct aus der Herzwand entspringen, überdiess anomal gestaltet. Der hintere Zipfel besteht nämlich aus einer entsprechend langen ($1\frac{1}{2}''$) und breiten Klappe, an der sich eine zweite kleinere 6‴ lange und $1\frac{1}{2}‴$ breite inserirt, und zwar derartig, dass bloss die seitlichen Flächen an die obere Fläche der Klappe sich anlegen, zwischen dem oberen Saume der kleinen Klappe und der oberen Fläche der grösseren dagegen ein Spalt zurückbleibt.

Die rechte Vorkammer stark mit Blut ausgefüllt, die Fleischtrabekeln kräftig entwickelt. In dieselbe münden gesondert drei Herzvenen, alle mit breiten Klappen (Thebesii) versehen.

Trotz der gewissenhaftesten Nachforschung war ich nicht in der Lage, eine ähnliche Anomalie in der Literatur aufzufinden, wobei ich jedoch das Eingangs darüber Gesagte hier wiederholen muss.

Auch dieser Sehnenfaden, der aus mehreren Sehnenfäden der Bicuspidalis entspringend in die Klappe des ovalen Loches übergeht, muss als eine Bildungsanomalie aufgefasst werden, da der Befund nicht den geringsten Anhaltspunkt dafür bietet, dass ein ähnlicher Faden acquirirt werden könnte. Es könnte eine derartige Vereinigung zweier Herzbestandtheile durch eine sehnige Verbindung selbst für den Fall, dass endo- oder myocarditische Residuen sich vorfinden, nur dann erfolgen, wenn diese Theile in einer näheren Berührung mit einander wären.

Da aber das Endocardium und die Herzmuskulatur im vorliegenden Falle keine Veränderungen dargeboten haben, die zweizipflige Klappe mit ihren Sehnenfäden, mit der Klappe des Foraminis ovale mit einander im ausgebildeten Herzen nicht in Berührung sein konnte, der Sehnenfaden schliesslich vollkommen glatt war, so muss derselbe einer Anomalie bei der Anlegung (Bildung) derselben seinen Ursprung verdanken

Dieses könnte aber auch nur für jenen Fall stattgefunden haben, wenn beide dieser Klappen im Embryonalherzen mit einander in näherer Berührung gewesen wären.

Hiermit tritt an uns die Frage, wie entwickelt sich die Klappe des ovalen Loches und die des Ostium venosum sin.

Die Entwickelung der ersterwähnten Klappe ist durch zahlreiche und einschlägige Untersuchungen sichergestellt. Sie entwickelt sich am Ende des zweiten Embryonalmonats aus der hinteren Wand des linken Vorhofes und erscheint als eine membranöse Fortsetzung der linken Wand der Cava inferior, welche in der Mitte der hinteren Vorhofswand zu gleichen Theilen in den rechten und linken Vorhof einmündet. Zugleich entwickelt sich von der vorderen Wand eine muskulöse Leiste, welche die vorderen Antheile der beiden Vorhöfe abtrennt, und welche nachträglich das eiförmige Loch begrenzt.

Zu den hier angeführten Veränderungen habe ich aus eigener Anschauung an Menschenembryonen aus dieser Zeit nur dieses beizufügen, dass die Valvula foraminis ovalis vor der Pars carnosa schon angelegt ist, und dass ihr unteres Horn sich an den obern linken Rand des Septum ventriculorum anlegt, welches um diese Zeit schon entwickelt ist.

Ueber die Entwicklung der Bicuspidalklappen sind dagegen unsere Kenntnisse viel weniger genau.

Gegen das Ende der siebenten Woche trennt das Septum ventriculorum schon vollständig die beiden Kammern von einander, der Vorhof ist noch einfach. Wie Kölliker[1]) beschreibt, ist die Gestalt der primitiven venösen Mündungen, die wir durch Ecker zuerst kennen gelernt haben, äusserst einfach und stellen dieselben ursprünglich nichts als einfache Spalten dar. Die beiden Lippen, welche jede Spalte begrenzen, sind die ersten Andeutungen der venösen Klappen, und sieht man bei der Untersuchung der Kammerhöhle, dass die Ränder derselben schon um diese Zeit mit Muskelbalken der Kammerwand in Verbindung sind. Doch bilden sich diese Klappen erst im dritten Monate bestimmter aus, was im Einzelnen zu verfolgen nicht nöthig ist."

An Embryonen aus dem Ende des zweiten Monates sieht man, dass die Valvula foraminis ovalis mit ihrem unteren Horne schon weit nach vorne sich vorgeschoben hat, und dass sie längs des oberen linken Randes des Septum ventriculorum sich inserirt, unmittelbar unter derselben ist die innere Herzwand vollkommen glatt. Erst im dritten Monate hebt sich von der Herzwand ein Muskelwulst (Papillarmuskel) ab, der mit einer breiten Falte an den oberen Rand des Septum ventriculorum unmittelbar unterhalb der Anheftung der Valvula for. oval. sich inserirt.

Dieser Befund genügt uns aber vollständig, um die Entwicklung eines Sehnenfadens, der zwischen der Bicuspidalklappe und der Valvula foraminis ovalis ausgespannt sich vorfindet, zu erklären.

Es gibt nämlich nach dem Gesagten eine Zeit im Embryonalherzen, in welcher die Valvula for. oval. unmittelbar in den innern Zipfel der Bicuspidalklappe übergeht. Da konnte es nun geschehen, dass mit der zweizipfligen Klappe, welche vom Papillarmuskel in die Kammer hineingezogen wurde, ein dickerer Strang der Klappe des eiförmigen Loches nachgezerrt wurde und sich dann als ein isolirter Bindegewebsstrang präsentirte.

Von Interesse wäre es wohl gewesen, anzugeben, ob diese beiden Herzanomalien zu Lebzeiten welche Erscheinungen dargeboten haben. Leider kann ich aber darüber keinen Aufschluss geben, und in Vermuthungen sich einlassen, hat es eben keinen Werth.

---

[1]) Entwicklungsgeschichte des Menschen und der höheren Thiere, 1861.

# V.

# Untersuchungen über Blasenbildung und Epithelregeneration an der Schwimmhaut des Frosches [1]).

Von Prof. **Alfr. Biesiadecki.**

F. Pagenstecher hat im Jahre 1868 der k. k. Akademie eine Abhandlung „Ueber die Entwickelung der Epithelialzellen bei chronischen Hautkrankheiten und dem Epithelialcarcinome" vorgelegt, in welcher er die von mir beschriebenen Wanderzellen der Schleimschichte der Haut in Epithelien sich umwandeln lässt.

Pagenstecher konnte, da er bloss die Haut des Menschen berücksichtigte, die Wanderung gewisser Zellen, welche — in der Schleimschichte gelegen — den farblosen Blutzellen glichen, nur aus der verschiedenen Lage und Höhe, in der er sie vorfand, und die Umwandlung derselben in Epithelien aus den Uebergangsbildern, welche zwischen den zwei Zellenarten vorhanden waren, erschliessen.

Es konnte noch immer der Einwand gemacht werden, dass man verhältnissmässig nur wenige solcher Wanderzellen in der Schleimschichte und noch seltener Uebergangsformen zwischen diesen und den Epithelien findet, und dass die nachträglich sich in Epithelien umwandelnden Zellen zwar den farblosen Blutzellen ähnlich, aber doch Abkömmlinge der Epithelien seien.

Arnold [2]) und Heller [3]) suchten nun durch Beobachtung des unter dem Mikroskope vor sich gehenden Benarbungsproces-

---

[1]) Sitzungsb. der k. k. Akademie in Wien. 1870.
[2]) Virchow's Archiv. Bd. 46. Die Vorgänge bei der Regeneration epithelialer Gebilde.
[3]) Untersuchungen über die feineren Vorgänge bei der Entzündung. Erlangen 1869.

ses an lebenden Fröschen die Entwicklung der Epithelien nachzuweisen, einer Untersuchungsmethode, die wohl vor jeder andern
den Vorzug verdient.

Wenn ich nun die von diesen Forschern vorgenommenen
Untersuchungen wieder aufnahm, so geschah es vorzüglich desshalb, weil beide zu ganz differenten Resultaten gelangten, und
weil ich diese Resultate durchaus nicht in Einklang bringen
konnte mit den mir sonst geläufigen Bildern, die ich von der
menschlichen Haut bei der Benarbung kannte.

Nach Arnold wird die Epitheliallücke mit einer feinkörni-
gen Substanz angefüllt; diese verwandelt sich in eine glasige
Masse, welche durch lichte Linien in kleinere rundliche oder
eckige Abschnitte zerlegt wird. In den auf diese Weise entstan-
denen Platten kommt zunächst ein glänzendes Kernkörperchen
und um dieses nach und nach ein immer deutlicher auftretender
Contour des Kernes zum Vorscheine. Das ganze Gebilde stellt
die neugebildete Epithelialzelle dar.

Die feinkörnige Substanz, aus deren Umwandlung das Protoplasma wird, kann nach Arnold als Ausschwitzungsproduct
der am Rande gelegenen Epithelien oder als ein Product des
Hornhautgewebes, der Leder- und Schleimhaut gedacht werden,
wobei auch die Zufuhr von Ernährungsmaterial von Belang ist.
Die Wanderzellen fand Arnold an Stellen der Benarbung vermehrt und glaubt, „dass da, wo sie längere Zeit verweilt
hatten, später eine lebhaftere Neubildung eintrete".

Arnold lässt also die Epithelien aus einem Plasma — einem
Ausschwitzungsproducte der Epithelien und des Corium — durch
Furchung desselben entstehen.

Nach Heller dagegen schiebt sich von den Rändern der
Wunde einer Froschzunge das Epithel nicht an allen Punkten
mit gleicher Geschwindigkeit über die Wundfläche vor.[1])

Die am äussersten Rande liegenden Epithelien werden durch
die von hinten nachdrängenden vorgedrängt und bleiben häufig
activ ganz unverändert, während sie passiv die bedeutendsten
Formveränderungen erleiden, sie werden in die Länge gezogen
und abgeplattet. Unterdess finden hinter ihnen die lebhaftesten Entwicklungsvorgänge statt. Die Epithelien werden dünner

---

[1]) Heller gibt nicht an, ob er bloss das Epithel oder auch einen
Theil der Zungenschleimhaut entfernte.

und durchscheinender, der ovale Kern, der bei den alten kaum sichtbar war, tritt als blasses, bläschenförmiges Gebilde hervor. Das bisher nur einen helleuchtenden Punkt zeigende Kernkörperchen wird leicht durch eine feine glänzende Linie halbirt. Diese Linie wird breiter, statt eines Lichtpunktes haben wir zwei, sie rücken auseinander; dann tritt in hellem bläschenförmigen Kerne eine zarte hellere Linie auf, welche stärker wird und endlich die Kerne völlig halbirt. Beim weiteren Wachsthum schieben sich die Epithelien so über und unter die benachbarten, dass der fernere Vorgang kaum zu folgen ist; doch schienen Heller die halbirten Kerne durch Einschieben von Zellsubstanz auseinandergedrängt, die Theilung der Zellen selbst dann auf ähnliche Weise durch Auftreten einer helleren Linie eingeleitet zu werden.

An einzelnen Stellen des vorrückenden Epithelsaumes findet aber Heller, während man an vielen Stellen nichts als die obenbeschriebenen, passiven Formveränderungen sieht, plötzlich zwischen einzelnen farblosen Blutzellen äusserst blasse den zarten neugebildeten Epithelien ganz ähnliche Gebilde auftreten, welche einen runden Kern einschliessen und immer durch einen zarten Fortsatz mit dem Epithelrande zusammenhängen. Sie zeigen verästelte Protoplasmafortsätze, verändern ihre Form und legen sich schliesslich an den Epithelsaum an. Unterwarf Heller eine solche Stelle anhaltender Beobachtung, so sah er „zwar selten, aber mit Sicherheit", dass diese Zellen unter dem Epithelrand hervorkriechen. Farblose Blutzellen wandern zwischen Epithel und Wundfläche herum, stören bisweilen die Beobachtung, schieben sich auch auf die Oberfläche vor und fliessen schliesslich meist mit dem ergossenen Serum ab.

Einen Schluss aus dieser Beobachtung zieht Heller nicht, so wie überhaupt aus der Beschreibung nicht zu entnehmen ist, in welchen Epithelien die „lebhaftesten Entwicklungsvorgänge" vor sich gehen. In den am Rande des Substanzverlustes gelegenen nicht, nur in denen hinter ihnen gelegenen. Wie weit liegen diese entfernt vom Rande? Sind es die oberflächlichen oder die tiefer gelegenen Epithelien? Ferner gibt Heller nicht an, woher jene Zellen stammen, die er an einzelnen Stellen am Epithelrande gesehen hat und die lebhaftesten Formveränderungen zeigten und schliesslich sich an den Epithelsaum angelangt haben. Für farblose Blutzellen hält er sie nicht, „denn diesen kann er kein Verdienst für das Zustandekommen aller beschriebenen Vorgänge zuerkennen."

Zur Beobachtung des Benarbungsprocesses am lebenden Frosche kann man entweder die Schwimmhaut oder die Zunge wählen. Da aber beide der Untersuchung sehr grosse Schwierigkeiten entgegensetzen, und die Benarbung verschieden abläuft, je nach der Tiefe des gesetzten Substanzverlustes, so muss ich Einiges über die Untersuchungsmethode und über die erzeugten Blasen vorausschicken und erst zuletzt den Benarbungsprocess selbst schildern.

Der Gegenstand bringt es mit sich, das man zur Verfolgung der Vorgänge nur stärkere Vergrösserungen verwenden kann, da schwächere uns gar keine klare Einsicht in dieselben geben können. Bei der Anwendung stärkerer Vergrösserungen stört uns aber vor Allem die Dicke der zu untersuchenden Objecte (Zunge oder Schwimmhaut), die uns verhindert, die in der Tiefe stattfindenden Vorgänge zu ermitteln. So kann man beispielsweise die Auswanderung der farblosen Blutzellen nur schwer verfolgen, da der ausserhalb der Blutgefässe gelegene Theil der austretenden Zellen verdeckt von einer dicken Bindegewebslage unkenntlich ist und nur die allmälige Verkleinerung des innerhalb des Gefässes gelegenen Theiles uns Zeugniss von der Emigration abgibt. Auch die Wanderung der Zellen im Gewebe kann nicht so leicht beobachtet werden.

Dieses erklärt uns, warum Beides — sowohl Emigration als Wanderung der farblosen Blutzellen — trotz der vielfachen Untersuchung der Froschschwimmhaut selbst von Seite der ausgezeichnetsten Histologen so lange unbemerkt blieb.

Eben so leicht können Gebilde, die sehr durchsichtig und undeutlich contourirt in oder über dem starren Gewebe der Schwimmhaut liegen, übersehen werden. Dieses gilt sowohl von den farblosen Blutzellen als auch von dem lebenden Epithel. Die Schleimschichte bildet nämlich an dem lebenden Gewebe eine continuirliche, durchscheinende homogene Masse, in der man nur bei glücklicher Beleuchtung und starker Vergrösserung die Kerne der einzelnen Epithelien, sowie die Contouren derselben schwach angedeutet findet. Nur an der oberflächlichen Epidermidallage, die dem Abstossen beim Abhäuten nahe ist, tritt Kern und Zellcontour manchmal deutlicher hervor, namentlich in jenen Fällen, in denen man den Versuchsthieren die Wasserzufuhr vermindert. Diese Lage betheiligt sich jedoch gewiss nicht activ bei der Benarbung, die einzelnen Zellen verändern gar nicht ihre Gestalt, sie werden bloss aus ihrer Lage durch Gebilde, die unterhalb derselben auftauchen, gebracht.

Anfangs mühete ich mich ab, die Benarbung an der Froschzunge zu studiren, da es so verlockend wäre, die Regeneration der Flimmerzellen zu beobachten.

Die Froschzunge lässt aber in Folge ihrer Dicke nur sehr schwaches und zu diffuses Licht durch, als dass man sie mit stärkeren Vergrösserungen untersuchen könnte; ferner wird in Folge ihrer leichten Dehnbarkeit die Wundfläche, hauptsächlich jedoch der Epithelrand in mannigfacher Weise gezerrt, die Epithelien in verschiedener Richtung in die Länge gezogen und dadurch werden Formveränderungen derselben erzielt, die mit dem Benarbungsprocesse keinen Zusammenhang haben. An der Froschzunge kann man auch viel schwerer ein kleines Bläschen erzeugen, da ein Tropfen Canthariden-Tinctur oder Crotonöls sich auf eine grössere Fläche der nassen Froschzunge ergiesst, als an der Schwimmhaut und neben dem Epithelverluste in der Regel auch eine ausgebreitete Blutstasis erfolgt, welche die Epithelregeneration auf Tage, selbst auf Wochen verschieben kann.

Für die Versuchsthiere ist schliesslich eine oft mehrere Tage in Anspruch nehmende Untersuchung der Zunge, welche die ganze Zeit dem Lufteinflusse und der Vertrocknung ausgesetzt ist, ein viel schwererer Eingriff und sie gehen meist in einigen Tagen zu Grunde.

Nachdem zu allen den angeführten Uebelständen noch die papilläre Oberfläche der Zunge auch nur störend bei der Untersuchung sich erwiesen hat und es mir nicht gelingen wollte, an der Zunge ein klares und überzeugendes Bild des Benarbungsprocesses zu erhalten, so wendete ich mich an die Froschschwimmhaut und suchte durch die Anlegung des Bläschens an einer geeigneten Stelle die der Untersuchung hinderlichen Uebelstände möglichst zu beseitigen.

Wie man sich nämlich leicht überzeugen kann, treten die Epithelien gegen den Rand der Schwimmhaut viel deutlicher hervor als entfernt von demselben, und am Rande selbst kann

man von der Seite her die Contouren der einzelnen Epithelien
so wie deren Kerne, viel schärfer ausnehmen.

Legt man nun eine Blase an der Schwimmhaut derartig an,
dass die Epidermis sowohl beider Flächen, als auch die des Randes abgehoben wird, so hat man den Vortheil, dass die den
Substanzverlust begrenzenden Epithelien scharf hervortreten und
dass die am Rande sich neu erzeugenden Epithelien nicht über
dem Coriumgewebe der Schwimmhaut, sondern frei in einer
indifferenten Flüssigkeit, mit der man sie benetzt, zum Vorschein
kommen.

Zur Untersuchung spannt man die Schwimmhaut auf einem
schmalen Objectglase, welches in einem Korkrahmen ruht und
deckt die zu untersuchende Stelle mit einem schmalen Deckglase
zu. Zwischen beiden Gläsern soll immer eine reichliche Menge
Flüssigkeit (Kochsalz, = Glaubersalzlösung, auch Brunnenwasser)
vorhanden sein, damit die Schwimmhaut nicht austrocknet, so
wie überhaupt dem Versuchsthiere immer eine reichliche Menge
-Flüssigkeit durch häufiges Begiessen mit Wasser zugeführt werden muss.

Schwach curarisirte Thiere können auf diese Weise tagelang
erhalten werden, ohne dass man die Schwimmhaut zu entspannen
oder das Deckglas zu entfernen braucht.

Das Zugedecktsein der Schwimmhaut bildet auch vielfache
Vortheile dar. Es verdunstet nämlich die Flüssigkeit nicht so
leicht, ferner kann man jedesmal sich leicht überzeugen, ob sich
irgend welche Zellen von der Schwimmhaut entfernt haben, da
man sie zwischen den Gläsern finden muss, und schliesslich
schützt das Deckglas die Linse vor dem sonst unvermeidlichen
und jedenfalls nicht wünschenswerthen Eintauchen.

Ein derartiges Präparat kann man ohne jeden Druck mit
Objectiv 7, selbst 8 Hartnack's untersuchen und will man eine
stärkere Vergrösserung anwenden, so braucht man nur die neu-
erdings von Piotrowski anempfohlene Concavlinse in den Tubus
des Mikroskopes hinein zu schieben, um selbst eine 1800fache
Vergrösserung, die namentlich beim Lampenlicht brauchbare
Bilder liefert, zu erreichen.

Ich habe ausführlicher die Untersuchungsmethode beschrieben aus dem Grunde, weil ich leider aus eigener Erfahrung nur

zu genau weiss, wie viel Zeit man Anfangs verliert, bis man sich die erforderliche Technik angeeignet hat.

---

Träufelt man einen kleinen Tropfen von Collodium Cantharidum auf den Rand der Schwimmhaut derartig auf, dass deren obere und untere Fläche mit diesem benetzt wird, so erstarrt nach einigen Secunden das Collodium zu einem dünnen Häutchen. Nach zwei Stunden ist die Epidermis unterhalb desselben zu einem flachen Bläschen erhoben, welches man unter dem Mikroskope namentlich daran erkennt, dass die Epithelien daselbst deutlicher contourirt sind und die Kerne derselben schärfer hervortreten. Die zwischen den Epithelien gelegenen Pigmentzellen verhalten sich verschieden, meist sind sie zu kugligen Gebilden contrahirt und nur selten sind sie in der Bläschendecke derartig gestaltet, wie die ausserhalb derselben liegenden.

Sämmtliche Blutgefässe des Corium, also Arterien, Venen und Capillaren, sind im Grunde der Blase anscheinend erweitert, wenigstens strömt in denselben eine grössere Anzahl der Blutzellen neben einander.

Reisst man die Epidermidaldecke des Bläschens nicht ab, so wird dieselbe immer mehr durch eine ursprünglich klare, nachträglich sich trübende Flüssigkeit abgehoben, welche auch verhindert, die am Bläschengrunde vor sich gehenden Veränderungen genauer zu verfolgen. Die tieferen Zellen der Bläschendecke nehmen zahlreiche, kleine hellglänzende Körnchen auf, werden trübe; die Pigmentzellen derselben schicken dagegen zahlreiche sich theilende und mit einander anastomosirende Fortsätze aus, welche beinahe jede Epithelzelle umgeben; sie sind lichter gefärbt und zeigen einen ovalen bläschenartigen Kern. Die über dem Centrum der Blase liegenden Pigmentzellen besitzen die zahlreichsten, die der Peripherie spärlichere Fortsätze.

Lässt man das Collodiumhäutchen länger als zwei Stunden an der Schwimmhaut liegen, und zieht es nach 3—4 Stunden ab, dann bemerkt man, dass im entsprechenden Corium eine mehr oder weniger ausgebreitete Blutstauung eingetreten ist. Dicht aneinander gedrängte, meist farbige Blutzellen erfüllen die ausgedehnten und häufig geschlängelten Blutgefässe, aber auch kleinere oder grössere Haufen derselben liegen im auseinandergedrängten Gewebe in der Umgebung der Blutgefässe. Auch die Flüssigkeit des Bläschens, welche häufig farbige Blutzellen führt, trübt sich mit der Zeit und nimmt an Menge zu, so dass die Epidermidaldecke immer mehr gespannt erscheint und ihre Zellen sich auf gleiche Weise, wie bei den erst beschriebenen Bläschen, verändern. Im Corium bemerkt man an der Grenze solcher Bläschen etwa nach einem 24stündigen Bestande derselben zahlreiche, ovale oder runde, von Bindegewebsfasern begrenzte Räume, die bald eine klare Flüssigkeit allein, bald eine solche mit mehr weniger zahlreichen Exsudatzellen einschliessen.

Am dritten oder vierten Tage [1]) tauchen in der Flüssigkeit des Bläschens und in der der beschriebenen Räume kleine Pigmentkörnchen auf, welche auch in den Exsudatzellen und in den tieferen Epithelien der Bläschendecke sich vorfinden.

Da ich die beschriebenen im Corium gelegenen Räume nur in der Umgebung prall gespannter Bläschen sah, nie dagegen an Schwimmhäuten, an denen die Epidermidaldecke des Bläschens abgezogen war und aus welchen das Exsudat sich frei ergiessen konnte, so glaube ich, dass sie durch das collaterale Oedem entstanden sind und ausgedehnte Lymphräume oder Lymphgefässe darstellen.

Um diese Zeit (etwa den fünften Tag) überzeugt man sich auch, dass in dem das Bläschen begrenzenden Corium oft eine Blutstauung auftritt und dass auch zahlreiche Hämorrhagien in das Gewebe erfolgen.

Die intensive Trübung des Bläscheninhaltes, die zahlreichen Hämorrhagien im Gewebe gestatten es nicht, die Epithelregeneration ohne Abziehen der Bläschendecke zu verfolgen, obwohl es von Interesse wäre, zu constatiren, wie eine solche unter dem Schutze der Decke vor sich geht.

Die Versuchsthiere gingen auch gegen den sechsten Tag zu Grunde und die weitere Untersuchng ergab im Bläscheninhalte zahlreiche Exsudatzellen, im Schwimmhautgewebe dagegen zahlreiche Pigmentkörnchen, die in Haufen gelegen, wahrscheinlich durch den Zerfall der Pigmentzellen entstanden sind.

---

[1]) Die hier gemachten Zeitangaben erfahren oft bedeutende Ausnahmen, da der Process an verschiedenen Versuchsthieren je nach der Lebhaftigkeit derselben auch in verschiedenen Zeitabschnitten abläuft.

---

Will man nun die Epithelregeneration verfolgen, so muss man die Bläschendecke möglichst vollständig und vorsichtig abziehen, und die ganze abgehobene und hiermit auch schon abgestorbene Epithelialdecke zu entfernen trachten.

Trägt man nämlich die Blasendecke bloss mit der Scheere ab, so lässt man noch immer einen Theil derselben zurück, welcher bei der Benarbung sich nicht betheiligt und nur die neben und unter demselben vor sich gehenden Veränderungen zudeckt.

An der unversehrten Blase sieht man bloss, dass die Decke desselben aus der eigentlichen Epidermis und wenigstens aus jener Schichte des Stratum Malpighii besteht, in welcher die Pigmentzellen liegen. Nach dem Abziehen der Blasendecke überzeugt man sich aber, dass nicht jede Blase gleich beschaffen ist, indem einmal die Blasendecke neben der eigentlichen Epidermis nur aus der oberen und mittleren Zellenlage der Schleimschichte, in welch letzterer die Pigmentzellen liegen, besteht, während noch über dem Corium die tiefste Zellenreihe derselben haften geblieben ist; das anderemal dagegen die ganze Schleimschichte abgehoben ist und das Corium blossgelegt zu Tage liegt.

Im letzteren Falle kann das blossgelegte Corium selbst verschiedene Veränderungen darbieten, da in demselben bald der Blutkreislauf ungestört vor sich geht, bald Stockung in den Blutgefässen und zwar in der Mehrzahl der Fälle in dem dem Centrum der Blase entsprechenden Corium erfolgt.

Je nach den hier angeführten Veränderungen geht auch die Heilung verschieden und in verschiedenen Zeitabschnitten vor sich.

Die über dem Corium zurückgebliebene tiefste Schichte des Rete Malpighii besteht aus Zellen, welche scharf contourirt einen deutlichen Kern und zahlreiche, äusserst kleine, runde (Fett-) Körnchen einschliessen. Die Zellen sind grössser als die in der nächstanliegenden Schleimschichte gelegenen, sie sind oft auseinandergedrängt und berühren sich nicht gegenseitig mit ihren Seitenflächen; einige sind oft in die Länge gezogen, spindelförmig; nie schliessen sie einen doppelten Kern ein.

Es fragt sich nun, was mit diesen Zellen bei der Benarbung geschieht? In den meisten Fällen haben sich diese Zellen, welche ursprünglich der Coriumoberfläche unmittelbar anlagen, von derselben entfernt, indem sie anscheinend durch das Exsudat abgehoben wurden; nur in einem einzigen Falle zeigten sie träge Ge-

staltsveränderungen und verwandelten sich, während unter ihnen
auf die später näher zu beschreibende Weise die tieferen Epithelien sich neu bildeten, zu platten Epidermidalzellen.

In jenen Fällen, in welchen die ganze Schleimschichte
sich vom Corium abgehoben hat, in welchen aber die
Blutcirculation ungestört vor sich ging, kann man die
Regeneration am leichtesten verfolgen und diese ist auch nach 24
Stunden beendet.

Die ersten Veränderungen bemerkt man innerhalb des blossgelegten Corium. Sehr bald nach dem Abziehen der Blasendecke
erweitern sich nämlich die Blutgefässe, in welchen nach einigen
Stunden die farblosen Blutzellen ursprünglich nur in den Venen,
nachträglich auch in den Capillaren sich zu häufen beginnen.

Oft ist eine grössere Gefässschlinge vollgepfropft von farblosen Blutzellen, und nur die von Zeit zu Zeit sich mit Mühe
zwischen denselben durchwindenden farbigen Blutzellen beweisen,
dass in ihr noch das Blutserum circulirt.

Da wie bemerkt, bei der Untersuchung die Schwimmhaut
sich zwischen zwei Gläsern befand und es viel darauf ankam, den
Rand derselben ungestört beobachten zu können, so musste zwischen den Gläsern immer eine reichliche Menge Wasser sich
vorfinden, da sonst die an den Schwimmhautrand anstossende
Luftblase die Beobachtung unmöglich machen würde.

Beim Zusetzen eines kalten Wassertropfens macht man aber
die Beobachtung, dass in demselben Augenblicke die Blutcirculation in den Gefässen sich beschleunigt und dass sämmtliche farblose Blutzellen, die an der Gefässwand selbst schon längere Zeit
gehaftet haben, wieder in den Kreislauf gerathen. In sehr kurzer
Zeit kommt es jedoch wiederum zur entzündlichen Stasis und
auch zur Emigration der farblosen Blutzellen. In 6—8 Stunden
erscheint das Corium wie körnig, indem zahlreiche farblose Blutzellen namentlich in der Nähe der Blutgefässe angehäuft liegen.

Die weiteren Veränderungen lassen sich am leichtesten am
Rande der Schwimmhaut ermitteln. Vorwiegend neben dem Epithelsaume, aber auch häufig entfernt von diesem, erscheint zwischen den parallel zum Schwimmhautrande verlaufenden Bindegewebsfasern ein kleiner, kuppelartig sich hervordrängender und
hellglänzender Körper, welcher allmählig an Grösse zunimmt und
ursprünglich eine glatte Oberfläche zeigt, in kurzer Zeit aber an
seiner freien Fläche höckerig wird, indem von ihm meist mehrere

Fortsätze ausgehen. Unter den lebhaftesten Gestaltsveränderungen entwickelt sich schliesslich am Coriumrande und mit diesem durch einen kurzen **Fortsatz** zusammenhängend ein Körperchen, welches in **Bezug** auf **Grösse**, Gestalt und Beschaffenheit sich **als** Exsudatzelle präsentirt. In den meisten Fällen kommen gleichzeitig an **mehreren** Stellen des blossgelegten Corium **solche Zellen** zum **Vorscheine** und zwar vorwiegend über den an den Schwimmhautrand anstossenden Gefässschlingen. Unmittelbar den erst austretenden folgen dann andere nach, so dass **in der Regel mehrere** isolirte Zellenhaufen am Rande der Schwimmhaut sich vorfinden.

Eine Zeit lang hat es den Anschein, als ob diese Zellen sich vom Corium entfernen wollten, da sie sehr lebhaft ihre Gestalt verändern und nur mit einem kleinen Theile ihres Leibes dem Corium anliegen. Bald flachen sie sich aber ab, indem sie gleichsam über dem Corium sich ergiessen, und eine grössere Fläche desselben zudecken, zugleich erscheinen sie schärfer contourirt, ihr Protoplasma wird weniger glänzend und durchscheinender, so dass die in ihrem Innern ursprünglich verborgen gewesenen Kerne jetzt zum Vorscheine kommen.

In 2—3 Stunden nach dem Austreten der ersten Zellen ist der ganze Schwimmhautrand mit einer einzigen Reihe solcher Zellen bedeckt und ein Blick auf die vom Epithel beraubte Coriumfläche überzeugt uns, dass über dieser gleichbeschaffene, kuglige glänzende Körper sich vorfinden, deren Herausgelangen aus dem Corium, sowie deren Gestaltveränderungen jedoch nur mittelst stärkerer Vergrösserungen und dieses nur mit Mühe beobachtet werden können. Ist die ganze Epitheliallücke mit einer Reihe dieser Zellen ausgefüllt, dann scheint das Protoplasma derselben zusammenzufliessen, die Zellenreihe stellt eine homogene Masse dar, in welcher vom Epithelsaume begonnen gegen das Centrum hin die Kerne von feinen Contouren begrenzt allmälig zum Vorscheine kommen.

Im weiteren Verlaufe werden diese Zellen durch neue unter denselben auftauchende hinaufgeschoben. Das Herauswandern der letzteren aus dem Corium lässt sich jedoch selbst am Schwimmhautrande nicht mehr mit dieser Genauigkeit wie bei den erstaustretenden verfolgen. Man überzeugt sich bloss, dass unter der erstausgewanderten nach einigen Stunden eine zweite, nachträglich eine dritte Zellenreihe auftaucht und dass hie und da einzelne Zellen von der **Tiefe** her sich **durch** die obere Zellenreihe hindurchwindend auf die Oberfläche gelangen; zugleich nehmen die zuerst ausgewanderten Zellen an Grösse zu, sie werden anscheinend starrer und flachen sich auch ab.

Das Herauswandern der tiefer gelegenen Zellen aus dem Corium, so wie die Gestaltsveränderung der oberflächlichen kann man aber nur am Schwimmhautrande verfolgen; an der Fläche der Schwimmhaut lässt sich kaum ausnehmen, dass eine mehrfache Zellenlage die Epitheilücke ausfüllt und nur in seltenen Fällen tritt der Kern, so wie die Zellcontour der obersten Zellenreihe schärfer hervor.

Während dieses an der vom Epithel entblössten Fläche vor sich geht, verhalten sich die alten Epithelien vollkommen passiv, sie ändern gar nicht ihre Gestalt und nur in jenen Fällen, in welchen nicht die ganze Epidermisdecke des Bläschens abgerissen worden war, wird der noch zurückgelassene Theil durch unter ihm auftauchende Zellen in die Höhe gehoben und stellt sich selbst senkrecht auf die Hautoberfläche auf.

Während ich in einem Falle den Vorgang des Auswanderns der Zellen aus dem Corium beobachtet habe, geschah es zufälligerweise, dass ein Luftbläschen sich an den Rand und etwas an die obere Fläche der Schwimmhaut angelegt hat.

Ein Tropfen Wassers, am Rande des Deckglases aufgeträufelt, hätte es von der Stelle entfernen sollen, da der dicke Contour zwischen diesem und der Schwimmhaut die weitere Beobachtung unmöglich machte. Das Bläschen machte auch einen Versuch von der Stelle zu rücken und entfernte sich eine kleine Strecke weit von dem Schwimmhautrande, aber zahlreiche zwischen beiden ausgespannte, dünne Fädchen verhinderten es daran, so dass die Blase einigemale sich der Schwimmhaut näherte und von ihr sich wieder entfernte, während die Fäden immer prall gespannt sich verkürzten oder verlängerten.

Mit einem Rucke verschwand zuletzt die Blase aus dem Sehfelde, während die Fäden eben so rasch zurückschnellten und sich theilweise der Schwimmhaut näherten, theilweise selbst über die obere Fläche derselben zu liegen kamen. Erst jetzt erkannte man, dass an dem freien Ende der Fäden kolbenförmige Anschwellungen sich vorfanden, die entweder an der Oberfläche glatt, oder mit Fortsätzen versehen einen deutlichen Kern in sich einschlossen.

Diese zufällige Beobachtung war für mich von besonderem
Interesse, da ich eine gleiche Veränderung an den tiefsten Epithelien der menschlichen Haut beobachtet habe[1]), an der nach
Verbrennung zwischen den nackten Papillen und der zu einer
kleinen Blase erhobenen Epidermis zahlreiche dünne Fädchen
ausgespannt waren. Diese Fädchen erklärte ich für in die Länge
ausgezogene jüngste Epithelien; die jetzt gemachte Beobachtung
bestätigte diese Annahme, indem hier unter meinen Augen diese
Veränderungen vor sich gingen mit dem Unterschiede, dass hier
die frisch ausgetretenen Exsudatzellen, bei der Verbrennung dagegen die noch saftreichen Epithelien diese Veränderungen erlitten. Das Protoplasma der Zellen ist auf rein mechanische Weise
dadurch, dass der Zellenleib dem Luftbläschen fester anhaftete,
zu langen Fäden ausgezogen worden, welche den Bindegewebsfasern sehr ähnlich aussahen. Allmählig verkürzten sich jedoch
die Fäden, es sammelte sich immer mehr Protoplasma um den
Kern an und es legten sich schliesslich viele dieser Zellen unter
lebhaften activen Formveränderungen an die Coriumoberfläche an.
Viele dagegen behielten ihre veränderte Gestalt, erblassten bedeutend und verschwanden schliesslich.

Während dieses mit den ursprünglich ausgewanderten Zellen vor sich ging, traten neue aus dem Corium hervor, die sich
zwischen die Fäden oder zwischen die sich anlegenden Zellen
hineinschoben.

Nach 24 Stunden ist in der Regel die Epithellücke durch
eine mehrfache Lage von Zellen ausgefüllt, und das neugebildete
Epithel überragt meist hügelartig die Schwimmhautoberfläche aus
dem Grunde, weil die neugebildeten Zellen saftreicher und nicht
so stark abgeplattet sind als die erhaltenen Epithelien und weil
die den letzteren näher liegenden Zellen früher sich abflachen
als die entfernteren.

Um diese Zeit findet man aber zwischen den neugebildeten
Epithelien auch schon pigmentirte Zellen, und es fragt sich, auf
welche Weise entwickeln sich dieselben?

Während schon die ganze Epithellücke mit neuen Zellen
ausgefüllt ist, bemerkt man zwischen denselben meist nur am

---

[1]) Sitzungsberichte der k. Academie in Wien. Bd. 57. 1868. „Ueber
Blasenbildung bei Verbrennung der Haut.“

Rande die oberwähnten Pigmentzellen, welche, was ihre Beschaffenheit betrifft, denen in der normalen Schleimschichte vollkommen gleichen. Dieses machte es sehr wahrscheinlich, dass sie schon als solche zwischen die neuen Zellen hineingelangt sind und nicht hier an Ort und Stelle sich entwickelt haben. Sie konnten also entweder aus der Schleimschichte oder aus dem Corium hineingewandert sein. Beides scheint nun in der That zu geschehen. Die Pigmentzellen der Schleimschichte verändern in der Nähe der Epithellücke eine Zeit lang nur wenig ihre Gestalt, nach einiger Zeit bemerkt man aber, dass die meisten derselben mit ihrem Leibe, der einen ovalen Kern einschliesst, sich dem Epithelsaume nähern, während der stärker pigmentirte Rest des Protoplasmas einem Kometenschweife nicht unähnlich der Zelle nachfolgt. Man findet nämlich Zellen, die mit dem Leibe schon zwischen den neugebildeten Epithelien, mit ihrem Fortsatze aber noch zwischen den alten liegen, endlich gelangt die ganze Zelle zwischen die neuen Epithelien.

Dieses Hineinwandern der Pigmentzellen erfolgt nur ungemein langsam und man bemerkt oft in einer Stunde kaum eine merkliche Ortsveränderung derselben, was natürlich die Beobachtung sehr erschwert.

Nachdem in der abgezogenen Blasendecke sehr viele Pigmentzellen zu Grunde gegangen sind, die durch neue, welche aus der nächstanliegenden Schleimschichte stammen, ersetzt werden, so müsste die Anzahl dieser Zellen in der letzteren sich vermindern, was jedoch gewiss nicht in einem auffallenden Grade erfolgt.

Es liegt demnach die Frage, wieso sich diese Zellen in der normalen Schleimschichte entwickeln, sehr nahe, eine Frage, die durch eine später genauer zu beschreibende Beobachtung einer Theilung derselben beantwortet wird.

Viel schwerer lässt sich entscheiden, ob einige Pigmentzellen der Schleimschichte aus dem Corium abstammen. So viel ist sicher, dass grössere oder kleinere Abschnitte der um die Blutgefässe gelegenen und vielfach verzweigten Pigmentzellen sich an einzelnen Stellen zu runden, stark pigmentirten Haufen ansammeln, deren Hinaufwandern in die Schleimschichte sehr wahrscheinlich erscheint.

Man sieht nämlich, dass diese Pigmentmassen viel höher zu liegen kommen, als die verzweigten Zellen des Corium, und dass sie in die Epithelialschichte hineinragen; ob sie jedoch schon zwischen den Epithelialzellen liegen, liess sich aus dem Grunde nicht mit Bestimmtheit entscheiden, weil letztere nicht kenntlich waren.

Wir haben bis jetzt jene Vorgänge kennen gelernt, welche an einer intacten Blase der Froschschwimmhaut stattfinden und die Epithelregeneration in jenen Fällen verfolgt, in welchen die Schleimschichte bald in toto, bald nur theilweise von einem unveränderten Corium entfernt war.

Zuletzt müssen wir noch den Benarbungsprocess für jene Fälle schildern, in welchen aus verschiedenen Gründen, entweder bei der Blasenbildung oder beim Abziehen der Blasendecke, eine Blutstauung im blossgelegten Corium stattfand.

War die Blase auf die früher geschilderte Weise am Rande der Schwimmhaut gesetzt worden und erfolgte in beiden Blättern der Schwimmhaut, die ja eine Duplicatur des Corium darstellt, eine ausgebreitete Blutstauung, so gelang es mir nie, selbst wenn die Frösche unter den günstigsten Bedingungen verweilten, eine Lösung der Blutstauung zu erzielen. Mochten die Versuchsthiere curarisirt oder nicht curarisirt, mit ausgespannter und bebefestigter Schwimmhaut oder frei in besonderen Gläsern aufbewahrt worden sein, nie kam es dazu, dass die zu einer compacten Blutsäule comprimirten farbigen Blutzellen sich von einander gelöst hätten, obwohl dieselbe oft stundenlang in einzelnen Abschnitten einiger Gefässchlingen oscillirte. Die farbigen Blutzellen veränderten vielmehr sehr bald ihre Farbe, welche mattbräunlich wurde, während die Bindegewebsfasern starrer und deutlicher contourirt erschienen.

Den dritten oder vierten Tag breitete sich die Blutstauung auch auf die Blutgefässe jenes Theils des Coriums, welcher den Epithelialverlust begrenzte, ja in den meisten Fällen traten auch Hämorrhagie in das Gewebe ein, während im blossgelegten Corium zwischen den Bindegewebsfasern zahlreiche, hellglänzende Körnchen auftauchten und die Pigmentzellen desselben in einen Haufen grösserer und kleinerer Pigmentkörnchen zerfielen. Meist tummelten sich im necrotisirenden Coriumgewebe zahlreiche Vibrionen, welche auch in die aufgebläheten, lichter gefärbten extravasirten farbigen Blutzellen hineingelangten.

Die Thiere gingen in der Regel, da man sie zu wiederholten Malen curarisiren musste, um den sechsten Tag zu Grunde und nur in einem Falle gelang es mir, ein Thier durch vierzehn Tage immer schwach curarisirt und mit ausgespannter Schwimmhaut am Leben zu erhalten.

An diesem Thiere bildete sich den siebenten Tag nach der Blasenbildung eine Demarcationslinie zwischen dem blossgelegten Corium und dem Nachbargewebe, indem im letzteren namentlich am Rande zahlreiche Exsudatzellen sich ansammelten. Zugleich zeigten sich entweder frei zwischen den Bindegewebsfasern oder im Innern der Exsudatzellen zahlreiche Pigmentkörnchen, deren Herkunft jedoch sich nicht entscheiden liess; möglicherweise waren sie Abkömmlinge des Blutfarbstoffes der zahlreichen exsudirten farbigen Blutzellen, mit welchem das Gewebe gleichmässig getränkt war.

Den achten Tag erschien das necrotisirende Corium an einer schmalen, der Demarcationsgrenze nächst anliegenden Zone durchscheinender, die Bindegewebsfasern wurden daselbst undeutlich contourirt, wie aufgequollen, schliesslich lösten sie sich auf und das necrotische Coriumstück befand sich nur durch schmale Brücken, welche durch die Blutgefässe gebildet wurden, mit der übrigen Schwimmhaut in Verbindung. Erst den zehnten Tag erfolgte eine vollständige Trennung beider, indem auch die Blutgefässwände sich auflösten.

Eine Epithelregeneration liess sich also bei jenen Schwimmhäuten, an welchen bei der Blasenbildung eine vollständige Blutstauung im blossgelegten Corium erfolgte, nicht verfolgen, da letzteres sich vollständig losgestossen hat.

Man findet aber in der Umgebung des Substanzverlustes die jüngsten Epithelialzellen mit zahlreichen Pigmentkörnchen erfüllt und es lag nun die Frage nahe, ob diese Körnchen in die vorhandenen Epithelien hineingelangen oder ob die früher erwähnten pigmenthaltigen Exsudatzellen zu Epithelien werden.

Ersteres ist wohl möglich, sehr wahrscheinlich, wenn man die Weichheit des Protoplasmas der jüngsten Epithelien berücksichtigt; ich konnte aber nie das Hineindringen der Pigmentkörner in diese Zellen beobachten.

Dagegen überzeugt man sich leicht, dass die meist um die Blutgefässe gelegenen pigmenthaltigen Exsudatzellen in die Schleimschichte gelangen. Diese pigmenthaltigen Zellen zeigen alle Charaktere der Exsudatzellen, sie liegen meist in der Nähe der Gefässe, oft über die Gefässwand ausgebreitet, zeigen Gestalts-

und Ortsveränderungen. Sie schliessen bald spärliche, bald reichliche Menge Pigmentkörnchen ein, deren Eindringen in das Protoplasma der Zellen sich auch leicht verfolgen lässt.

Die meisten dieser Zellen nehmen ihre Wanderung bloss im Corium vor und man müht sich oft stundenlang fruchtlos ab, diese Zellen in die Schleimschichte hinaufsteigen zu sehen. Einige derselben zeigen jedoch lebhaftere Bewegungen und diese gelangen meist sehr rasch in die Schleimschichte, wo sie bald zwischen den jüngsten Epithelien stecken bleiben, bald in die höhere Epithelialreihe ihre Wanderung fortsetzen.

Erstere werden unzweifelhaft zu Epithelialzellen, letztere dagegen wandern oft in das Corium zurück, wo sie in der Regel sehr bald aus dem Sehfelde verschwinden.

Nach dem Abstossen des blossgelegten Corium erscheint die Froschschwimmhaut wie ausgenagt, der den Substanzverlust begrenzende Rand ist bedeutend verdickt, einerseits in Folge Schwellung des Corium, andererseits in Folge der Dickenzunahme der Schleimschichte, in welcher auch die eigentlichen Pigmentzellen vermehrt sind.

Die zuletzt erwähnte Untersuchung ist mit sehr grossen Schwierigkeiten verbunden. Man fixirt nämlich oft stundenlang Zellen, von denen man erwartet, dass sie in Bälde in die Schleimschichte hinaufwandern werden, die jedoch, wie zum Trotze, nur im Corium ihre Wanderungen vornehmen; andererseits gelangen diese Zellen in einer senkrechten Richtung aus dem Corium in die Schleimschichte, was nur durch die Fokaleinstellung bemessen werden kann. Als Massstab dienen dabei die Pigmentzellen einerseits die des Corium, andererseits die der Schleimschichte und nach der Annäherung der Exsudatzellen an die letzteren wird das Hinaufgelangen derselben noch am leichtesten bestimmt, da ja die Epithelien nicht genug scharf ausgeprägt erscheinen.

––––––––––

Bei der Betrachtung der oberwähnten pigmenthaltigen Exsudatzellen machte ich zwei Beobachtungen, die mir genug wichtig zu sein schienen, um sie hier folgen zu lassen.

Eine Exsudatzelle fiel mir ihrer besonders lebhaften Gestaltsveränderung wegen auf. Sie lag an der Seite eines Capillargefässes etwas in die Länge ausgebreitet, sie schloss eine geringe Menge

Pigmentkörnchen ein und war von der gewöhnlichen Grösse der Exsudatzellen.

Einige Male zeigte sie an ihrem freien Rande zwei flache Einkerbungen, die sich aber nach kurzer Zeit wiederum ausglichen; darauf bewegte sie sich längs der Gefässwand in der dem Blutstrome entsprechenden Richtung. Auf einmal trat eine tiefere Furche auf, welche die Zelle in zwei mittelst eines dünnen Fadens zusammenhängende Hälften theilte, schliesslich wich der Fortsatz auseinander und beide Hälften wanderten in entgegengesetzter Richtung längs des Blutgefässes fort.

Da bis jetzt nur wenige Mittheilungen über Zellentheilung vorliegen, so glaubte ich diese Beobachtung hier anführen zu müssen. Stricker [1]) lenkte die Aufmerksamkeit auf die Theilung der Wanderzellen im entzündeten Gewebe und erklärte sie für ein häufiges Ereigniss. Klein [2]) beobachtete die Theilung der farblosen Blutzellen am beheizten Tische.

Die zweite Beobachtung bezog sich auf eine dicht mit Pigmentkörnchen gefüllte und die Exsudatzelle an Grösse übertreffende Zelle, welche über einer kleinen Vene lag. Ich fixirte diese Zelle aus dem Grunde, weil ich hoffte, dass sie in die Schleimschichte hinaufwandern werde und ich mir die Frage vorlegte, ob dieselbe ihres Pigmentreichthums wegen zu einer eigentlichen Pigmentzelle der Schleimschichte werde.

Ich constatirte dabei, da es für meine Zwecke hinreichend schien, bloss dieses, dass diese Zelle im Coriumgewebe liege. Stundenlang beobachtete ich diese abwechselnd mit einigen meiner Schüler, wie sie kurze Fortsätze ausschickte, diese wiederum einzog, dabei aber ihren Ort gar nicht änderte. Nachdem ich nach einer kurzen Pause wiederum an das Mikroskop trat, bemerkte ich, dass eine Hälfte der Zelle durch die von Zeit zu Zeit im Blutgefässe kreisenden Blutzellen auf die Seite geschoben wurde, dass endlich die ganze Zelle innerhalb des Blutgefässes flottirte und schliesslich vom Blutstrome fortgerissen wurde.

Da ich nicht mit Bestimmtheit angeben kann, ob die Zelle innerhalb oder ausserhalb des Blutgefässes bei Beginn der Beob-

---

[1]) Studien aus dem Institute für experimentelle Pathologie für das Jahr 1869.

[2]) Centralbl. 1870. Nr. 2.

achtung gelegen war, so muss ich für die Erklärung des hier
stattgefundenen Vorganges eine doppelte Möglichkeit zulassen.
Entweder ist nämlich die Zelle ursprünglich innerhalb des Blutgefässes gelegen, und ist mit andern farblosen Blutzellen an der
Innenwand der Vene haften geblieben, von der sie, wie es mit
andern Zellen so häufig zu geschehen pflegt, wiederum wegge-
schwemmt wurde; oder diese Zelle ist ursprünglich ausserhalb
der Vene gelegen und ist, nachdem sie die Venenwand passirte,
in den Kreislauf hineingelangt.

Obwohl diese Frage endgiltig sich nicht entscheiden lässt,
so glaube ich doch für die letzte Ansicht folgende Gründe anführen zu müssen.

Das Hindurchtreten einer Zelle durch eine Gefässwand lässt
sich in jenen Fällen nur schwer ausnehmen, in welchen die Zelle
nicht am Rande des Blutgefässes, sondern von der oberen oder
unteren Fläche aus die Wand desselben durchbricht. Die zuletzt
beschriebene Zelle lag an der oberen Fläche der Vene, obwohl
es unentschieden blieb, ob sie über oder unter derselben sich befand, sie veränderte ursprünglich ihren Ort gar nicht, zeigte bloss
träge Gestaltsveränderungen, die darin bestanden, dass die Zelle
dünne Fortsätze aussendete und sie wiederum einzog. Im weiteren Verlaufe wurde bloss ein Theil der Zelle vom Blutstrome
in flottirende Bewegung gesetzt, späterhin machte die ganze Zelle
mehrere Schwingungen, löste sich schliesslich von der Gefässwand
los und gelangte in den Kreislauf. Der Umstand, dass eine Zeit
lang bloss ein Theil, nachträglich die ganze Zelle vom Blutstrome
in Bewegung gesetzt wurde, spricht wohl dafür, dass nicht die
ganze Zelle schon ursprünglich innerhalb des Blutgefässes gelegen war, sondern dass sie von Aussen in das Lumen des Blutgefässes hineingedrungen ist.

Es muss ferner für diesen Fall das Corium als die Entwick-
lungsstätte der pigmenthaltigen Zellen angesehen werden, da
farblose ausgewanderte Blutzellen im Corium Pigmentkörnchen
aufgenommen und sich in Pigmentzellen umgewandelt haben,
während eine Entwicklung derselben innerhalb des Kreislaufes
nicht nachgewiesen ist.

Wenn man ferner bedenkt, dass die Blutgefässwände dem
Hindurchtreten der Zellen keine besonderen Hindernisse setzen,
und dass unter gewissen Bedingungen möglicherweise auch von
Aussen her die Zellen die Blutgefässwand passiren können und

dass schliesslich schon von anderen Beobachtern das Hineingelangen der mit Farbstoff gefütterten Exsudatzellen in die Blutgefässe behauptet wurde, so ist für die Annahme, dass die obbeschriebene Zelle in die Gefässhöhle hineingewandert sei, eine um desto grössere Wahrscheinlichkeit vorhanden, als ich für die entgegengesetzte Ansicht keine triftigen Gründe anzuführen wüsste. [1])

Verhält sich aber der Vorgang derartig, wie er eben geschildert wurde, dann ist er von Bedeutung, da er für einige Fälle das Zustandekommen der Metastasen erklären würde.

Im Verlaufe der Beschreibung ist zu wiederholten Malen hervorgehoben worden, dass in der das Bläschen umgebenden Schleimschichte eine reichlichere Menge der eigentlichen Pigmentzellen sich vorfand und dass diese zwischen die neugebildeten Epithelien aus der benachbarten Schleimschichte hineinwanderten.

Bei der letzterwähnten Gelegenheit ist auch auf eine spätere Beschreibung der Entwicklung dieser Zellen verwiesen worden, welche hier folgen soll.

Zwischen den mit zahlreichen Ausläufern versehenen einkernigen Pigmentzellen der Schleimschichte findet man hie und da auch einzelne mit einem doppelten Kerne. [2])

Ich habe im Ganzen dreie solcher Zellen gesehen. Eine von diesen befand sich in der Nähe eine Blase, deren Decke nicht abgezogen war und in deren Umgebung sich ein collaterales Oedem entwickelt hatte. Die zwei anderen lagen in der Schleimschichte, in der Nähe des necrotisirenden Coriums.

---

[1]) **Saviotti** beobachtete ebenfalls die Einwanderung der Pigmentzellen in die Blutgefässe. Die entsprechenden Nummern (10 und 11) des Centralblattes kamen erst nach der Vorlegung dieser Abhandlung in meine Hände.

[2]) Bemerken muss ich hier, dass zur Tageszeit in Folge der stärkeren Contraction das Protoplasma der Pigmentzellen die Kerne derselben nur selten sichtbar sind. Untersucht man dagegen Abends beim Lampenlichte, dann zeigen die Zellen mehr Fortsätze, sie sind lichter gefärbt und in den meisten tritt der ovale Kern deutlich hervor. Die jetzt nachfolgenden Beobachtungen sind in den Abendstunden gemacht.

Diese doppelkörnigen Zellen änderten ziemlich rasch ihre Gestalt, sie verkürzten ihre Fortsätze, schickten neue aus; oft sammelte sich das Protoplasma vorzüglich um die Kerne an, und deckte bald bloss einen von diesen, bald beide zu. Die Kerne stellten ovale, helle pigmentlose Bläschen dar, welche zu Beginn der Beobachtung unmittelbar an einander lagen. Während die Zellen ihre Gestalt mannigfach änderten, schob sich zwischen die Kerne das pigmentirte Protoplasma hinein und drängte sie auseinander.

Zu wiederholten Malen näherten sich dieselben einander, entfernten sich wiederum, durch ein breiteres oder schmäleres Stück Protoplasmas von einander geschieden. Nach einigen Stunden verdünnte sich dieses Stück Protoplasma; die mit einem besonderen Kerne versehenen Zellenhälften rückten dann auseinander, nur durch eine schmale Brücke vereinigt, welche bald länger, bald kürzer wurde.

Im ersterwähnten Falle rückten die Zellen sehr weit auseinander, waren aber noch um die späte Nachtstunde, wegen welcher ich die weitere Untersuchung schliesslich aufgeben musste, durch einen dünnen Fortsatz mit einander verbunden. Ich liess das Thier mit ausgespannter Schwimmhaut und mit einem wasserhaltigen Schwamme zugedeckt unter dem Mikroskope liegen. Am andern Tage fand ich die Pigmentzellen ganz anders gruppirt und derartig gestaltet, dass ich nicht einmal annäherungsweise angeben konnte, welche von diesen Zellen Tags vorher meine Aufmerksamkeit durch mehrere Stunden in Anspruch genommen hat.

An den Zellen waren die Kerne durch das Protoplasma zugedeckt und nicht sichtbar, und es liess sich desshalb nicht entscheiden, ob eine von den Zellen einen doppelten Kern einschliesst oder nicht. Jeder aber, der Tags vorher die durch einen dünnen Fortsatz mit einander vereinigten Zellenhälften gesehen hätte, ohne ihre Theilung früher beobachtet zu haben, müsste sie für zwei selbstständige Zellen erklären, da viele nebenanliegende und mit einander anastomosirende Zellen, welche den vorerwähnten vollkommen glichen, bei einer lebhafteren Contraction sich von einander trennten.

Die zwei andern doppelkernigen Zellen lagen nahe nebeneinander in einem Sehfelde.

Die zwei Kerne derselben befanden sich zu Beginn der Beobachtung unmittelbar neben einander. Nach einigen Stunden schnürten sich die Zellen in zwei Hälften, von denen jede einen Kern einschloss und welche ein dünner Fortsatz vereinigte.

Bei einer dieser Zellen blieben dieselben noch beim Schlusse der Beobachtung durch den Fortsatz mit einander verbunden und nur bei der dritten Zelle bewegte sich die eine Zellenhälfte in die höhere Zellenreihe der Schleimschichte und deckte zum Theile die untere. Beide Hälften waren durch mehrere Stunden mittelst eines seitlichen Fortsatzes mit einander verbunden, schliesslich riss dieser entzwei und die zwei gesonderten Zellen entfernten sich weit von einander.

So unterlag es keinem Zweifel, dass doppelkernige Pigmentzellen der Schleimschichte in der Umgebung der Blasen sich durch Theilung vermehren und entweder in derselben verbleiben oder zwischen die neugebildeten Epithelien hineinwandern.

Fassen wir die Ergebnisse der vorliegenden Untersuchungen in Kürze zusammen, so erhellt aus denselben, dass die Epithelregeneration am leichtesten am Schwimmhautrande zu verfolgen ist und dass sie hier verschieden und in verschiedenen Zeitabschnitten abläuft, je nachdem die Schleimschichte in toto oder nur zum Theile vom Corium entfernt wurde und je nachdem im letzteren der Kreislauf ungestört vor sich geht oder eine mehr oder weniger ausgebreitete Blutstasis eintritt.

1. Ist über dem Corium noch die jüngste (tiefste) Epithelreihe zurückgeblieben, dann wird diese in den meisten Fällen durch das Exsudat entfernt, in seltenen Fällen verbleiben die Zellen mit dem Corium im Zusammenhange und verwandeln sich schliesslich in Epidermidalzellen.

2. Ist die ganze Schleimschichte von einem unversehrten Corium entfernt worden, so erfolgt in einigen Stunden eine entzündliche Stasis im Corium; um die sechste Stunde emigriren die farblosen Blutzellen aus den Blutgefässen zuerst in das Gewebe des Corium, nachträglich auch auf die Oberfläche desselben. Anfangs scheint es, als ob die Exsudatzellen sich vom Corium entfernen wollten, da sie lebhaft ihre Form verändern und nur mittelst eines Fadens mit den letzteren zusammenhängen. Sehr bald breiten sie sich jedoch über dem Corium aus, werden träge, ihr Protoplasma wird durchscheinender und zeigt einen ovalen Kern in ihrem Innern. In zwölf Stunden ist die ganze Epithelial-

lücke mit einer Reihe solcher Zellen, die aneinandergedrängt zusammenzufliessen scheinen, bedeckt.

Diese Veränderungen lassen sich am leichtesten am Schwimmhautrande verfolgen, schwerer über dem Corium. Im weiteren Verfolge werden die zuerst ausgewanderten Zellen durch neue, unter denselben auftauchende in die Höhe gehoben, während die ersteren starrer, schärfer begrenzt und etwas abgeplattet erscheinen. In vierundzwanzig Stunden ist die Epithellücke mit einer mehrfachen Reihe von Zellen ausgefüllt, welche hügelartig über die Hautoberfläche hervorragen, indem dieselben grösser und weniger abgeplattet sind als die erhaltenen Epithelien.

Um diese Zeit findet man zwischen den neugebildeten Zellen auch schon Pigmentzellen, welche von der nachbarlichen Schleimschichte zwischen dieselben hineingelangen, obwohl auch vom Corium die Pigmentzellen in die neue Schleimschichte hinaufzusteigen scheinen.

In der Schleimschichte vermehren sich die Pigmentzellen durch Theilung.

Berührt zufälligerweise eine Luftblase die sich benarbende Fläche und sucht man sie durch Aufträufeln einer Flüssigkeit zu beseitigen, dann zieht die sich entfernende Luftblase die Zellen zu langen Fäden aus. Auf eine ähnliche Weise dehnt an der menschlichen Haut die nach der Verbrennung zu einer kleinen Blase abgehobene Epidermis die jüngsten Epithelien zu langen Fäden aus.

3. Ist die ganze Schleimschichte vom Corium abgehoben und erfolgt im letzteren eine ausgebreitete Blutstasis, dann wollte es mir nicht gelingen eine Lösung derselben zu erzielen. Es erfolgt vielmehr eine Necrose des blossgelegten Corium und in sieben Tagen nach der Anlegung der Blase eine Demarcation des necrotischen Stückes durch Anhäufung von Exsudatzellen in dem angrenzenden Gewebe. In der Peripherie des necrotischen Stückes quellen zuerst die Bindegewebsfasern, später auch die Blutgefässwände auf und lösen sich schliesslich auf, so dass den zehnten Tag dasselbe sich vom erhaltenen Gewebe losstösst.

4. Hebt man die Epidermidaldecke der Blase nicht ab, so trübt sich die Anfangs klare Blasenflüssigkeit dadurch, dass kleine helle Fett- oder lichtbraune Pigmentkörnchen sowie Exsudatzellen sich in derselben ansammeln. Die Epithelien der Blasendecke nehmen auch Fettkörnchen auf, während die Pigmentzellen der-

selben zahlreiche, sich vielfach theilende und mit einander anastomosirende Fortsätze aussenden, welche beinahe jede Epithelialzelle umgeben.

In Folge ihrer Trübung gestattet sowohl die Blasendecke
als auch der Blaseninhalt nicht die in der Tiefe vor sich gehende
Epithelregeneration zu verfolgen.

In dem solche Blasen begrenzenden Corium entstehen in
Folge collateralen Oedems runde oder ovale Höhlen, welche eine
klare, Exsudatzellen führende Flüssigkeit einschliessen und welche
erweiterten Lymphräumen oder Gefässen entsprechen dürften.

5. Kommt es in jenem Theile des Corium, welcher eine
Blase oder ein necrotisirendes Stück der Schwimmhaut begrenzt,
zu einer Hämorrhagie in das Gewebe, dann tauchen zwischen
den Bindegewebsfasern zahlreiche Pigmentkörnchen auf, welche
von den Exsudatzellen auch aufgenommen werden.

Die Zellen der Schleimschichte schliessen auch solche Pigmentkörnchen ein, indem ihr weiches Protoplasma dieselben wahrscheinlich auch aufnimmt, zumeist aber aus dem Grunde, weil pigmenthaltige Exsudatzellen in die Schleimschichte hineingelangen
und zu Epithelien werden.

Pigmenthaltige Exsudatzellen gehen auch eine Theilung im
Corium ein. Dieselben wandern auch in die Blutgefässe ein.

# VI.

## Drei Fälle von Enteritis syphilitica.

Aus dem Archiv für Dermatologie und Syphilis, 1871. I.

Von Dr. **Oser**.

(Hierzu Abbildung 10 und 11.)

Die Theilnahme des Darmes an dem syphilitischen Processe ist im Vergleiche mit den durch denselben gesetzten Erkrankungen anderer Organe ziemlich selten. Während die Literatur der Visceralsyphilis, was **Lunge, Leber, Gehirn** betrifft, eine äusserst reichhaltige ist, sind die syphilitischen **Veränderungen des Darm-tractes** verhältnissmässig selten beschrieben worden, namentlich von syphilitischen Erkrankungen des Dünndarmes sind, wie aus dem zum Schlusse zu gebenden Literaturberichte hervorgehen wird, nur wenige Fälle verzeichnet.

Durch die freundliche und thätige Unterstützung des Prof. v. Biesiadecki war ich in der Lage, drei Fälle von ausgebreiteter Dünndarmsyphilis **genauer zu** untersuchen, und ich glaube, dass die Veröffentlichung derselben bei der geringen Anzahl und der Verschiedenartigkeit der bisher beschriebenen Fälle, die das Aufstellen gemeinsamer charakteristischer Momente nicht ermöglichen, angezeigt sei.

Von den drei Fällen betraf **einer** einen Erwachsenen, die anderen **neugeborene** Kinder. Den ersten **Fall** hatte ich Gelegenheit **während** des Lebens durch einige Zeit zu beobachten, und obwohl die Syphilis constatirt **war, fand sich doch** nicht der geringste Anhaltspunkt für die Annahme **einer** so weit gediehenen Darmerkrankung.

# I. Fall.

K. F., ein 51jähr. Forstrath, war mit Ausnahme von Syphilis bis 6 Monate vor der Aufnahme im Krankenhause stets gesund. Um diese Zeit stellte sich eine Schwäche der unteren Extremitäten, namentlich der rechten, leichte Ermüdung beim Gehen ein. Die Erscheinungen von Tabes entwickelten sich immer mehr und diese veranlassten den Kranken im Spitale Hilfe zu suchen. Bei der Aufnahme fand man ein robustes, wohlgenährtes Individuum mit Narben von Plaques muqueuses an den Lippen. Psoriasis palmaris und Narben von Drüsenvereiterungen in der rechten Leiste. Die Verdauung war ziemlich gut, die Stuhlentleerung angehalten; keine Unterleibsschmerzen. Im Uebrigen bot er das Bild einer Tabes. Die Behandlung wurde zunächst gegen die nachweisbare Syphilis gerichtet und Jodkali und Dect. Zittmanni verordnet. Der Kranke war jedoch kaum einige Tage dieser Therapie unterzogen, als er plötzlich starb. Nachdem er kurz zuvor noch heiter war und sich wohl gefühlt, verlor er plötzlich das Bewusstsein, fing zu rasseln an, wurde pulslos und verschied trotz aller Belebungsversuche in einigen Minuten.

Die Section ergab: Der Körper gross, sehr gut genährt, die allgemeinen Decken am Rücken mit violetten Todtenflecken bedeckt, das Kopfhaar schwarz mit grau gemengt, die Pupille links erweitert, der Hals kurz, dick, Brustkorb gewölbt, der Unterleib mässig ausgedehnt, die Haut beider Hohlhände besonders der linken zum Theile an zahlreichen bis erbsengrossen Stellen braunroth gefärbt, zum Theile längs der Furchen schwielig verdickt und von sich abschuppender Epidermis bedeckt. In der linken Leistenbeuge eine etwa 1 Zoll lange pigmentirte Narbe.

Das Schädeldach dünnwandig, porös, blutreich, die harte Hirnhaut mässig gespannt, in derselben längs der Sichel ein dünnes, etwa 1 Zoll langes und $^1/_2$ Zoll breites Knochenblättchen eingebettet. Die inneren Hirnhäute verdickt, mässig mit Blut versehen, leicht abziehbar vom mässig derben blutreichen Gehirne, in dessen Höhlen je einige Drachmen klaren Serums enthalten sind. Die Schilddrüse durch neugebildetes incystirtes Drüsenparenchym vergrössert, blutreich. Die Schleimhaut des Rachens, des Kehlkopfes und der Luftröhre injicirt, in der letzteren reichliche schaumige Flüssigkeit.

Beide Lungen blutreich, feinschaumig und stark ödematös. Im Herzbeutel ein Paar Tropfen klaren Serums, das Herz mit viel Fett bewachsen, schlaff, sein Fleisch fahlgelb, im rechten Ventrikel und in der Pulmonalarterie ein bis in ihre feinen Verzweigungen reichender, letztere obturirender, an der Peripherie blassrother und derberer, in der Mitte schwarzrother, lockerer und feuchter Thrombus.

Die Leber braunroth, mässig derb, geringen Speckglanz zeigend, die Gallenblase um 12 erbsen- bis haselnussgrosse, polygonale, lichtgelbe, bröcklige Steine zusammengezogen. An der hinteren Wand derselben findet man 2 bohnengrosse, sämmtliche Schichten der Wand perforirende Substanzverluste, durch welche man in einen haselnussgrossen, von glattem Bindegewebe ausgekleideten, ebenfalls Steine einschliessenden Recessus gelangt; der Ductus choledochus und hepaticus durchgängig.

Die Milz um die Hälfte vergrössert, derb, speckig glänzend.

Magen und Därme von Gasen mässig ausgedehnt, die Schleimhaut des ersteren von zahlreichen, bis hanfkorngrossen hämorrhagischen Erosionen durchsetzt, injicirt, gewulstet, in der Höhle des Magens nebst zähem Schleim chocoladbraune Striemen.

Sämmtliche Schichten des Darmes sind vom unteren Theile des Jejunum an bis an die Cöcalklappe entsprechend den Peyer'schen Plaques ringförmig durch eine grauröthliche Masse infiltrirt, an diesen Stellen von pergamentartigem Anfühlen, die Scheimhautfalten breiter, starr, nicht ausgleichbar. In der Mitte der Infiltration findet sich ein fast kreuzergrosser, polygonaler, mit dem längeren Durchmesser der Längsaxe des Darmes paralleler Substanzverlust, dessen Basis die verdickte, glatte, speckigen Glanz zeigende, submucöse Schichte bildet, dessen Ränder nicht steil, sondern flach in die Geschwürbasis übergehen, jedoch scharf abgesetzt sind. Fig. 10.

Ueber diesen Stellen das Peritonäum gewulstet, injicirt, mit einer zarten Pseudomembran bekleidet, und von erweiterten, mit einer dicken, weissgelblichen Lymphe erfüllten Lymphgefässen durchzogen. Zwischen den Gefässen sieht man zahlreiche, verschieden grosse Knötchen, welche mit den Lymphgefässen in Verbindung stehen. (Fig. 11.) Die Lymphdrüsen des Mesen-

Fig. 10.

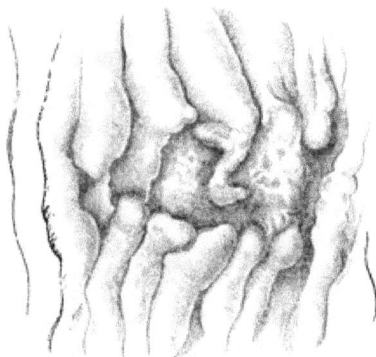

Infiltration mit centralem Geschwüre aus dem Ileum eines mit Syphilis behafteten 51jährigen Mannes.

Fig. 11.

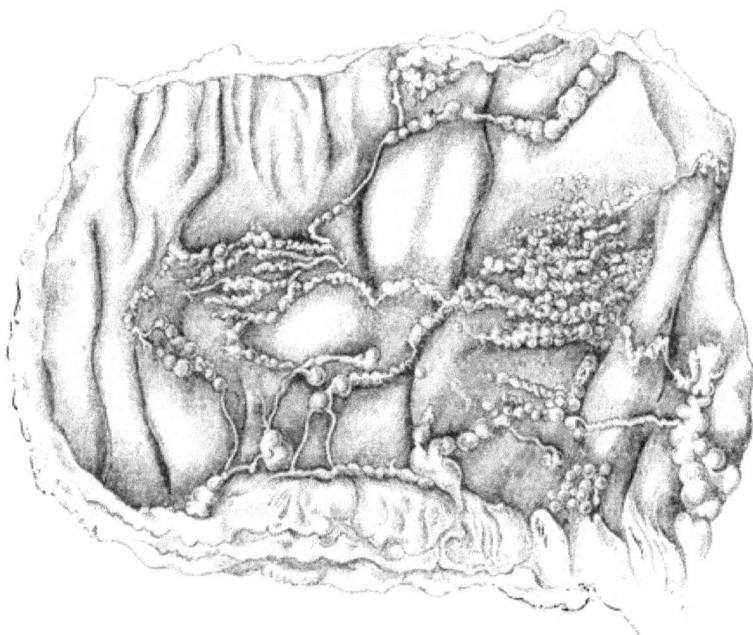

Die Serosa mit den Lymphgefässen und den darauf sitzenden zahlreichen verschieden grossen Knötchen.

terium wenig geschwellt, derber. In der Höhle der Därme gallig
gefärbte, breiige **Faeces**.

Beide Nieren gross, etwas speckglänzend, blutreich. In der
Harnblase mehrere Unzen trüben Harnes. Hoden, Nebennieren
und Pankreas normal. Das Rückenmark auffallend dünn, die
Hals- nnd Lendenanschwellung verstrichen, die Seitenstränge grau
degenerirt.

**Mikroskopischer Befund.** Man sieht eine sehr reichliche
**Wucherung** runder zarter Zellen, die theilweise mit Fett **erfüllt**
sind, und nach Zusatz von Essigsäure mehrere Kerne zeigen. Die
Wucherung ist gegen die normale Schleimhaut genau umschrie-
ben, erstreckt sich über alle Schichten, namentlich über das submucöse Bindegewebe, über welchem die gelockerten, etwas verlängerten und dicken Zotten, sowie die mit abgestossenen Epithelien
erfüllten **Lieberkühn**'schen Crypten meist wohl erhalten sind.
An der Stelle des in der Mitte der Infiltration befindlichen
Geschwüres sind die Zotten verkümmert oder fehlen ganz. Am
glatten speckigen Geschwürsgrunde sieht man Bindegewebszüge,
zwischen welche zahlreiche runde Zellen eingebettet sind. Dieselbe Zellenwucherung zeigt sich auch in der Muscularis, in
welcher die Zellen zwischen den Muskelfasern eingelagert sind,
und dieselben aus einander drängen. An einzelnen Stellen des
Präparates sieht man Zellenhaufen, durch welche die Muskelfasern aus einander geworfen und zu einer moleculären Masse verändert sind.

In dem bedeutend verdickten Peritonäum findet man auf
dem Querschnitte nebst Erweiterungen der dickwandigen Gefässe
und zerstreuten, namentlich um die Gefässe angehäuften runden
Zellen auch **Haufen von Zellen**, die von einer festen Membran
umgeben zu sein scheinen. Der Querschnitt solcher Zellengruppen
ist meist kreisrund und zeigt einen von gleich grossen runden
Zellen ausgefüllten Raum, der durch einen scharfen Contour von
der Umgebung abgegrenzt ist. Ich halte sie für Durchschnitte
der Lymphgefässe. Auf dem Längsschnitte, namentlich an Stellen,
wo die erweiterten Lymphgefässe und die oben beschriebenen
Knötchen schon mit freiem Auge sichtbar werden, sieht man nicht
selten riesige, von einem scharfen Contour umgebene Zellenhaufen, die das ganze Sehfeld einnehmen und die mit Lymphgefässen
in Verbindung stehen. Man sieht zu- und abführende Gefässe, die

mit denselben Zellen gefüllt sind, welche den Inhalt des schon mit freiem Auge sichtbaren Knötchens ausmachen.

Zunächst ist der Nachweis zu liefern, dass in diesem Falle die Darmerkrankung syphilitischer Natur war. Bekanntlich werden Infiltrationen und Geschwüre durch mannigfache Processe gesetzt, namentlich durch Tuberculose, Typhus und Leukämie. Haben wir es nun in dem vorliegenden Falle mit einer der letztgenannten Erkrankungen zu thun?

Gegen die Annahme von Tuberculose sprechen mannigfache Momente.

1. Kommt primäre Tuberculose des Darmes fast nie vor, sondern immer als Folge einer meist schon ausgebreiteten Tuberculose anderer Organe, wie der Lunge, u. s. w. Im vorliegenden Falle ist aber in den übrigen Organen keine Tuberculose vorhanden. In den Lungen fand sich Oedem, die übrigen Organe. die sonst den Herd der Tuberculose abgeben, waren normal. Zudem war das Individuum sehr gut genährt, kräftig gebaut und bot auch während des Lebens nicht den geringsten Anhaltspunkt für die Annahme der Tuberculose dar.

2. Das Zelleninfiltrat der Schleimhaut, nach dessen käsigem Zerfalle das tuberculöse Geschwür zu Stande kommt oder sich vergrössert, bildet um dasselbe einen schmalen Wall, der selbst schon käsig metamorphosirt ist, oder Tuberkelknötchen einschliesst. Im vorliegenden Falle aber sehen wir ein Zelleninfiltrat, welches ringförmig sämmtliche Darmschichten einnimmt, und welches nur an einer verhältnissmässig sehr kleinen Stelle zerfallen ist. Dieser Zerfall zeigte überdiess kein käsiges Aussehen, sondern sowohl die Basis als auch der Rand des Geschwüres waren glatt und glänzend und hatten kein zernagtes Aussehen. Da nun die hier gefundenen Geschwüre den tuberculösen nicht einmal ähnlich waren, auch in keinem anderen Organe Tuberkel sich nachweisen liessen, so liegt kein Grund vor, die geschilderten Darmveränderungen als durch Tuberkel hervorgerufen anzusehen.

Noch weniger wahrscheinlich ist die Annahme von Typhus. Abgesehen davon, dass am Lebenden nicht eine Erscheinung auffiel, die an Typhus denken liess, dass kein Fieber, Diarrhöe, Kopfschmerz u. s. w. vorhanden war, spricht auch der Sectionsbefund gegen diese Annahme. Es fand sich kein acuter Milztumor, keine Lymphdrüsenschwellung, die Geschwüre selbst hatten durchaus nicht den Charakter der typhösen.

Gegen die Annahme der Leukämie spricht der Mangel der einer so ausgebreiteten Darmerkrankung entsprechenden hochgradigen Milz- und Lymphdrüsen-Vergrösserung und der Umstand, dass die leukämischen Tumoren im Darme mehr ein markiges, succulentes Aussehen haben und in der Regel keine Geschwüre bilden. Ausserdem waren auch keine leukämischen Veränderungen des Blutes nachweisbar.

Kommt man schon per exclusionem zur Annahme von Syphilis, so lassen sich zur Sicherstellung dieser Diagnose noch einige positive Angaben machen.

1. War das Individuum sicher syphilitisch. In der Haut der Hohlhände fand sich ein Exanthem, das keine andere Deutung zuliess.

2. Besteht eine gewisse Aehnlichkeit zwischen den vorhandenen Darmveränderungen und einigen anderen durch Syphilis gesetzten Erkrankungen insbesondere an der Haut. Hier wie dort finden sich zerstreute, scharf umschriebene, durch ihre Derbheit und Dichtigkeit ausgezeichnete Infiltrate, die zunächst in der Mitte zu zerfallen beginnen, während das Infiltrat rings um die zerfallende Partie noch in grösserer Ausdehnung fortbesteht. Der Zerfall selbst ist, wie bei Syphilis, kein eiteriger, kein käsiger, sondern mehr Nekrose der Gewebe, die zu einem von einem derben Infiltrate umgebenen Geschwüre mit speckig glänzender Basis führt.

## II. Fall.

Von einer mit Plaques muqueuses behafteten Mutter wurde im 8. Monate der Schwangerschaft ein Kind geboren, das mit Pemphigus syphil. am ganzen Körper behaftet war. Das Kind starb am 10. Tage.

Sectionsbefund. Körper von entsprechender Grösse, schlecht genährt, die allgemeine Decke schwach ikterisch gefärbt, die Epidermis an zahlreichen bis bohnengrossen Stellen zu serumhaltigen Blasen emporgehoben oder an erbsengrossen Stellen zu Borken verwandelt. Das darunter sich befindliche Corium injicirt, etwas gewulstet, Kopfhaar spärlich, Pupillen gleich weit, Hals kurz. Brustkorb flach, Unterleib sehr stark ausgedehnt. Schädeldach blutreich, Gehirn von weicher Consistenz, blutreich. Schilddrüse klein, Luftröhre und Kehlkopfschleimhaut injicirt. Beide

Lungen gross, aufgedunsen, mässig mit Blut versehen, in ihrer Substanz fast subpleural, theils auch in der Mitte des Parenchyms gelegene zahlreiche erbsen-, ja zwei selbst haselnussgrosse derbe Knoten, welche am Durchschnitte eine periphere graugelbröthliche, succulente, bindegewebartige Masse, im Centrum dagegen eine trockene, hellgelbe, morsche Masse einschlossen. In den Bronchien reichlicher Schleim. Im Herzbeutel ein paar Tropfen Serum das Herz contrahirt, sein Fleisch speckig glänzend, in den Herzhöhlen locker geronnenes Blut, die Leber verhältnissmässig sehr derb, weniger blutreich als sonst bei Kindern dieses Alters, ikterisch gefärbt, in deren Blase reichliche dunkelgrüne Galle. Milz auf das Doppelte vergrössert, ihre Substanz dicht, dunkelroth.

Ueber einzelnen Stellen des Jejunum und Ileum das Peritonäum entweder von einer dünnen grauröthlichen Pseudomembran überzogen oder durch dichtere Bindegewebsstränge die Darmwandungen mit einander fest verwachsen. Entsprechend diesen, aber auch an anderen zahlreichen Stellen im Ileum, immer den Peyer'schen Plaques entsprechend, sämmtliche Wandungen des Darmes ringförmig selbst bis auf das Doppelte verdickt, derb anzufühlen in der Ausdehnung von etwa 3—5 Linien. An diesen Stellen die Darmhöhle verengt, während die angrenzenden normalen Stellen ausgedehnt erscheinen, so dass der Darm ein varicöses Aussehen bekommt. Die Peyer'schen Plaques sowie die Solitärfollikel innerhalb der verdickten Stellen erkennt man an stecknadelkopfgrossen runden Vertiefungen, welche die bekannte Anordnung der Solitärfollikeln in den Peyer'schen Plaques zeigen. An einzelnen solchen ringförmigen Verdickungen und dann auch den solitären Follikeln entsprechend sieht man seichte, speckig glänzende Substanzverluste, welche nicht scharf umrandet sind Die Schleimhaut hat an der Stelle der Verdickung ihr sammtartiges Aussehen verloren, ist glatt und glänzend. In der Höhle des Dickdarmes gallig gefärbte, zähe, schleimige Massen. Die Schleimhaut des Magens injicirt, in der Höhle desselben Casein. Beide Nieren derb, blutreich, in der Harnblase ein paar Tropfen Serum. Sexualorgane normal.

**Mikroskopischer Befund.** Alle Schichten des Darmes, insbesondere die submucöse ist von einem Zelleninfiltrat durchsetzt, das auch an einzelnen Stellen die Muskelbündel aus einander wirft. Daneben sieht man neugebildete Bindegewebszüge, insbesondere in der Umgebung der Gefässe, deren Wandungen stark verdickt erschienen. Von solitären Follikeln und Plaques ist nichts nachweisbar. An den Stellen, wo ein centraler Substanzverlust bemerkbar ist, fehlen die Zotten, die erst am Rande der peripheren Induration auftreten und allmälig länger werden. Im verdickten Peritonäum sieht man Zellhaufen, die von einem scharfen Contour umgeben sind und wieder als Durchschnitte von erweiterten Lymphgefässen angesprochen werden dürfen.

In diesem Falle ist der Nachweis der Syphilis leicht. Ueber den ganzen Körper verbreitet finden sich zahlreiche Pemphigusblasen; in den Lungen viele erbsen- bis haselnussgrosse derbe Knoten, die den histologischen Charakter der Gummata hatten. Die weit ausgebreiteten Veränderungen im Darme lassen wohl keine andere Deutung zu, als dass sie durch Syphilis entstanden sind. Für Tuberculose, Typhus und Leukämie finden sich keine Anhaltspunkte und zwar umsoweniger, als diese Processe bei Kindern dieses Alters gar nicht vorkommen oder mindestens bisher nicht als sicher vorkommend angenommen werden können.

## III. Fall.*)

Ein Knabe, geboren am 11. October, gestorben am 29. Oct. 2 Uhr Morgens. Mutter gesund.

Sectionsbefund. Der Körper schwach gebaut und mager, die allgemeine Decke leicht ikterisch gefärbt, an der Hohlhand und der Fusssohle zahlreiche, mit vertrockneter Epidermis bedeckte, etwa linsengrosse, zum Theile confluirende Stellen. Beide Fontanellen offen und stark eingesunken.

Die Pupillen gleich weit, die Iris blau, der Hals dünn, Brustkorb eingesunken, Unterleib gespannt.

Das Schädeldach schwammig, die harte Hirnhaut gespannt, im oberen Sichelblutleiter wenig flüssiges Blut. Die inneren Hirnhäute serös infiltrirt, das Gehirn weich, zerfliessend, mässig mit Blut versehen.

---

*) Von Docent Dr. Fürth in der k. k. Gesellschaft der Aerzte demonstrirt.

Die Schilddrüse ziemlich gross, derb, Thymus von gewöhnlicher Grösse, in ihrer Mitte zu einer rahmähnlichen Masse erweicht. In der Luftröhre wenig Schleim. Beide Lungen frei, in ihren Oberlappen lufthaltig, hellroth, in den hinteren Antheilen luftleer, blutreich, dunkelbraunroth, eingefallen. In den Bronchien der Unterlappen reichlicher, eiterähnlicher Schleim. Im Herzbeutel einige Tropfen Serum, das Herz mässig contrahirt, sein Fleisch blassbraun. In den Herzhöhlen wenig flüssiges Blut, das Foramen ovale und der Ductus Botalli verschlossen. Die Leber an ihrer Oberfläche in mehrere, von seichten Furchen begrenzte Lappen getheilt, über den Furchen das Peritonäum verdickt und getrübt. Die Lebersubstanz verhältnissmässig derb, braun, blutarm, von weissen, derben, längs der grösseren Gefässe verlaufenden Schwielen durchsetzt. In der Gallenblase hellgelbe Galle. Die Milz entsprechend gross, weich, braunroth.

Der Magen und Gedärme von Gasen mässig ausgedehnt. An der kleinen Magencurvatur drei und an der hinteren Wand nahe dem Pylorus in der Schleimhaut ein flacher, linsengrosser, weissgelblicher, derber, genau umschriebener Knoten, welcher mit der Muscularis straffer verbunden ist, durch seine Blässe sich von der ziemlich blutreichen Schleimhaut unterscheidet. An der Magenschleimhaut haftet zäher Schleim; in der Höhle geronnene Milch. Zwei ebenso aussehende Knoten finden sich an der hinteren Wand des Duodenum. Im Jejunum werden diese elliptisch, mit der längeren Axe die Längsaxe des Darmes kreuzend, nehmen gegen das Ileum sowohl an Zahl als an Breite zu, umgreifen den Darm ringförmig und entsprechen meist den Peyer'schen Plaques, deren Contouren gegen die derbe Infiltration genauer begrenzt sind und in denen man kleine Grübchen, entsprechend den Solitärfollikeln, erkennen kann. Die Oberfläche dieser indurirten Stellen von mit freiem Auge sichtbaren Zotten besetzt. Das Cöcum bildet sammt dem oberen Dritttheil des Wurmfortsatzes einen starren Trichter, an dem die Schleimhaut bis auf das Doppelte verdickt und weiss ist.

Von da an findet man nur im Colon ascendens einige sehr flache und diffuse, ähnlich beschaffene Stellen. Die Mesenteriallymphdrüsen etwas vergrössert und derber. Nieren, Nebennieren, Pankreas und Genitalien normal.

Mikroskopischer Befund. Die Zotten in der Mitte der Verhärtung bis auf das Doppelte verlängert und verdickt. In allen Schichten, insbesondere in der Submucosa, Zelleninfiltration mit unverkennbar starker Bindegewebsneubildung einhergehend. Die Gefässwände enorm verdickt, so dass sie in keinem Verhältnisse zum Lumen derselben stehen. In der Muscularis sieht man nicht selten Muskelbündel wie aus einander geworfen. Das Peritonäum ist verdickt und man sieht in demselben rundliche Zellen, reichliches Bindegewebe und die in den früheren Fällen erwähnten Querdurchschnitte erweiterter Lymphgefässe.

Es unterliegt wohl keinem Zweifel, dass in dem eben beschriebenen Falle Syphilis vorhanden ist. Die Veränderungen in der Haut der Hohlhand und Fusssohle sind charakteristisch. Die Leber bietet alle jene Eigenthümlichkeiten dar, die man der durch Syphilis gesetzten Erkrankung zuschreibt, und im Magen sind an der hinteren Wand nahe dem Pylorus und an der kleinen Magencurvatur mehrere linsengrosse, gummöse Knoten, die nur als Syphilome gedeutet werden können. Die Veränderungen in den übrigen Theilen des Darmkanals werden wohl derselben Natur sein und zwar umsomehr, weil ebenso wie in dem früher mitgetheilten Falle kein Anhaltspunkt für Annahme eines anderen Processes vorliegt.

Fassen wir die in den drei Fällen von Darmerkrankung gemeinsamen Momente zusammen, so ergeben sich als solche.

1. Das Auftreten zahlreicher, verschieden grosser, umschriebener, derber, bald knoten- bald ringförmiger, das Darmlumen verengender meist den Peyer'schen Plaques oder den solitären Drüsen entsprechender Indurationen.

2. Diese Indurationen bestehen aus einem, alle Schichten, vorwiegend jedoch die submucöse, durchgreifenden Zelleninfiltrate mit mehr oder wenig starker Bindegewebsneubildung.

Die Fälle unterscheiden sich von einander:

1. Durch den Grad der Bindegewebsvermehrung. Während in dem ersten Falle das Zelleninfiltrat in allen Schichten sehr mächtig ist und die Bindegewebsneubildung weniger auffällt, ist in dem zweiten Falle die Bindegewebsvermehrung neben dem

Zelleninfiltrate entschieden nachweisbar, tritt aber am deutlichsten in dem zuletzt mitgetheilten Falle auf, in welchem wieder die Zelleninfiltration geringer erscheint als in den früheren Fällen. Da die Bindegewebsneubildung das Charakteristische des chronischen Verlaufes bildet, kann man wohl mit Recht in diesen drei Fällen drei verschiedene Stadien desselben Processes sehen. Das jüngste Stadium wird durch den ersten Fall repräsentirt, das vorgerückteste durch den dritten und in der Mitte zwischen beiden liegt der zweite.

2. Durch das Verhalten der Schleimhaut. Während in dem ersten Falle ein im Verhältniss zum Umfang der Infiltration kleines Geschwür mit speckig glänzender Basis auftritt, sieht man im zweiten Falle meist nur kleine, nadelstichförmige Vertiefungen und im letzten Falle die Schleimhaut nur wenig verändert. Dieses Verhalten der Schleimhaut ist für die syphilitische Darmaffection charakteristisch. Bei dieser wird die Mucosa entweder nur wenig verändert oder es kommt zu einem necrotischen Zerfalle der Gewebe und des Infiltrates in einer im Verhältniss zum Zelleninfiltrate geringen Ausdehnung mit Zurücklassung eines speckig glänzenden Geschwürsgrundes.

––––––––

Wie schon Eingangs bemerkt, sind unter allen Darmtheilen am häufigsten im Rectum syphilitische Veränderungen beobachtet worden. Watson (New-York med. Journal), v. Bärensprung (Mittheilungen aus der Abtheilung und Klinik f. Syphiliskranke der k. Charité VI. I. 1855), Huët (Ueber syphilitische Affectionen des Mastdarmes, 1858), Nélaton (Syphilit. Affection des Rectum 1859), Bovero (Gazz. Sard. Nr. 46, 1859), Leudet (Ueber Eingeweidesyphilis, 1861), Wilks (Edinb. med. Journal, 1862), Sauri (Etude sur le retrécissement du rectum. Thèse 1868) u. A. beschrieben syphilitische Veränderungen, Geschwüre und Stricturen im Mastdarm. Es ist jedoch in den meisten Fällen nicht nachweisbar, dass nicht primäre Affectionen im Mastdarm die Ursache derselben waren. Fälle von syphilitischen Affectionen des Colon beschrieben Cullerier (De l'entérite syphilitique l'Union 137, 1854), Huët (a. a. O.), Wagner (Das Syphilom, Arch. für Heilkunde 1863), Paget (Med. Times and Gazette 1865).

Für Oesophagus, Magen und den Darm sind die Beobachtungen spärlicher. West (Ueber syphilitische Stricturen des Oesophagus 1860) theilt mehrere Fälle von Oesophagus-Verengerungen
mit, die nur auf einen syphilitischen Ursprung zurückzuführen
wären. Lanceraux (Union méd. 1864) beschreibt Gummage-
schwülste des Magens und Wagner (a. a. O.) theilt mehrere
Fälle von syphilitischen Affectionen im Magen mit.

Von den in der Literatur verzeichneten Fällen von Dünndarmsyphilis ist zunächst zu erwähnen der von Förster (Würzb.
med. Zeitschr. Bd. 4, S. 18) mitgetheilte Fall. Bei einem 6 Tage
alten syphilitischen Kinde fand er die Peyer'schen Plaques des
Ileum sichtlich verändert. Die Drüsenhaufen waren über der
Ebene der Schleimhaut erhaben, von derbem, aus Bindegewebe
und sehr wenig Zellen bestehenden Gefüge, ohne Spur von Drüsen im Innern der Induration mit verschieden grossen Geschwüren
auf der Mitte und durchaus ohne Zottenbekleidung. Aehnlich ist
auch der von Roth (Archiv f. path. Anat. Bd. 43, S. 298) mitgetheilte Fall. R. beschreibt nebst mehreren im Jejunum von tief-
greifenden Schorfen bedeckten Geschwüren im Ileum mehrere
Plaques mit narbenartig glänzender Oberfläche, die auf dem
Durchschnitte eine flache, die Mucosa und Submucosa betreffende
derbe Verdickung zeigt, welche durch ein dichtes Flechtwerk
mattglänzender sklerosirter Bindegewebsfasern gebildet wird.

Eberth (Virch. Arch. f. path. Anat. Bd. 40, S. 326) fand
an 8 verschiedenen Stellen des mittleren und unteren Dünndarmes ringförmige circa $\frac{1}{4}$ Centimeter breite käsige Einlagerungen
von gummöser Beschaffenheit. Die Wandungen waren hierdurch
beträchtlich verdickt und das Lumen verengert. Die solitären
und Peyer'schen Follikel boten durchaus keine Veränderungen
dar, dagegen war die Schleimhaut über den erkrankten Partien
stellenweise gelockert und ulcerirt. Ausser diesen sind noch Fälle
von Dünndarmsyphilis von v. Dittrich, Schott, Wagner, Meschede und Klebs beschrieben. — v. Dittrich (Ueber das
Auftreten der constitutionellen Syphilis im Darmkanale) fand in
einem Falle Bindegewebsneubildungen in Larynx, Pleura, Leber,
Dünndarm und Vagina, welche als syphilitische Producte gedeutet
wurden. (Anamnese, Krankheitsverlauf und histologische Veränderungen sind nicht genau genug berichtet, um jeden Zweifel
gegen die von Dittrich angenommene Deutung unmöglich zu
machen).

Schott (Archiv f. Kinderheilk. 1861) fand bei einem Kinde mit Pemphigus an den Händen und Fusssohlen im Krummdarme eine ziemlich grosse Strecke von der Cöcalklappe entfernt an einer bohnengrossen Stelle, in deren Umgebung die Darmwandungen sich gleichartig verdickt anfühlten, das Peritonäum zu einem weissgelblichen Schorfe verwandelt. Dieser Stelle entspricht eine der Queraxe des Darmel parallel gelagerte ovale, die ganze Darmwand einnehmende derbe, in das submucöse Bindegewebe infiltrirte speckige Masse, über welcher die Schleimhaut an den Rändern straff gespannt, in der Mitte jedoch zerfallen ist. Wagner (a. a. O.) fand einmal neben Laryuxsyphilis am unteren Ende des Ileum die Schleimhaut bis 1''' dick, derb, und ein zweites Mal sah er im unteren Dünndarm eine circuläre 1½'' grosse Stelle, in welcher peripherisch die Schleimhaut in scharfer Begrenzung gegen die Umgebung verdickt war, während der mittlere Theil zahlreiche sehr kleine spaltförmige bis halblinsenförmige Lücken zeigte. Auf dem Durchschnitte war die Mucosa und Submucosa ¼—³/₃''' dick, eine graugelbe, weisse Masse bildend, welche zahlreiche feine Aeste in die Muscularis schickte. Meschede (Arch. f. path. Anat. Bd. 37) fand bei einem Erwachsenen mit zweifelloser Syphilis im Dünndarme 54 Geschwüre von 2'''—2'' Länge. Die Mehrzahl derselben hatte eine Länge von 1—1½'' und eine Breite von 1—1¼''. Einzelne waren ringförmig. Der Geschwürgrund, welcher zumeist bis auf die Muscularis reichte, bei sämmtlichen Geschwüren schwarz pigmentirt, bei vielen granulirt, bei einzelnen auf dem Geschwürsgrunde fibröse Narbenbildung nachweisbar. Auf der der Geschwürsfläche entsprechenden Partie der Serosa fanden sich kleine derbe fibröse Knötchen. Klebs (Patholog. Anatomie) fand neben syphilitischer Affection in anderen Organen im Ileum zwei grössere und mehrere vereinzelte kleinere, rundliche Ulcerationen. In der Serosa die Stelle der grösseren Geschwüre durch Narben bezeichnet, in denen sich derbe weisse Knötchen von 1—3 Millimeter Durchmesser finden. Zum Theile überschreiten diese die Grenze der narbigen Partie und bilden dann Reihen von Körnern, die in ihrer Anordnung den Lymphgefässen entsprechen. Knoten und Narbenzüge, bestehend aus derber fibröser Substanz, in welcher zahlreiche kleine, zellige Elemente eingelagert sind. Das von Klebs entworfene Bild der Serosa hat auffallende Aehnlichkeit mit dem Peritonäum dem ersten in der hier mitgetheilten Fälle. (S. Fig. 1.)

Ausser diesen in der Literatur verzeichneten Fällen von Darmerkrankungen bei Syphilis' findet man noch Berichte über Geschwürsbildung im Darme von Syphilitischen, welche als amyloide Degeneration gedeutet werden. In neuerer Zeit haben Grainger-Stewart (Brit. Revue XXXVIII) und E. Aufrecht (Berl. klin. Wochenschr. VI. 30) solche Fälle mitgetheilt. Der letztere fand bei einer 42jährigen, an heftiger Diarrhöe gestorbenen Frau im Ileum 12 Geschwüre, die alle in gleicher Weise die Breite des Darmes einnehmen und in ihrer Längsausdehnung zwischen 2 und 5'' variirten. Die zwischen ihnen bestehenden Schleimhautpartien waren an manchen Stellen nicht länger als die Geschwüre selbst. Die Ränder der letzteren waren vollkommen glatt, schwach gewulstet und leicht rosig injicirt, ihre Basis blass.

Innerhalb dieser grösseren Geschwüre waren kleinere etwa mehr als linsengrosse, bis auf die Muscularis dringende Defecte, die wie mit einem Schiefer ausgeschlagen erscheinen. Die ganze Dünn- und Dickdarmschleimhaut sowie die Basis der Geschwüre ergaben exquisite Amyloidreaction. In den Darmzotten und in der Schleimhaut in der Umgebung der Geschwüre fanden sich Körperchen vom Verhalten der Corpuscula amylacea. Ein bindegewebiger Knoten in der Leber erinnerte an alte Syphilis. A. meint, dass die Degeneration der Gefässe, vielleicht auch die Einlagerung der Corpora amylacea in der Darmschleimhaut zu Necrose und Geschwürsbildung geführt hat.

Man könnte vielleicht versucht sein, den ersten der von mir mitgetheilten Fälle ebenfalls als amyloide Degeneration zu deuten, da sich geringe speckige Entartung der Leber, Milz und Nieren vorfand. Das Bild im Darme ist jedoch ein anderes als das von Aufrecht entworfene. Während es in dem letzteren Falle zu einer einfachen Necrose ohne ausgebreitete Infiltration bei allgemeiner Erkrankung der Darmschleimhaut kam, ist in dem von mir mitgetheilten Falle eine mächtige Zelleninfiltration an umschriebenen Stellen des Darmes nachweisbar, und die übrige Darmschleimhaut bot keinerlei Veränderung dar. Man fand weder Corpora amylacea noch amyloide Degeneration der Gefässe oder der Muscularis.

# VII.

## Ueber die Lostorfer'schen Syphiliskörperchen.

### Von Prof. Alfr. Biesiadecki.

Dr. Lostorfer hat in einer vorläufigen Anzeige (Medicinische Presse Nr. 4, 1872) dem Syphilisblute eigenthümliche — von ihm Syphiliskörperchen bezeichnete — Gebilde beschrieben, welche in feuchter Kammer aufbewahrte Blutproben am 3. oder 4. Tage zeigen. Dieselben stellen sich als kleine, glänzende Körperchen dar, welche am 4. bis 6. Tage die Grösse der rothen Blutzellen erreichen, kugelförmig, oder unregelmässig sind und manchmal mehrere Sprossen zeigen. Nach dem 6. bis 8. Tage bilden sich in denselben Vacuolen, welche nach Zusatz von Wasser sich vergrössern.

Lostorfer, welcher im J. 1871 (Medicinische Jahrbücher IV. Heft) im Blute gesunder Menschen constant in 11 Fällen Sarcine beobachtet hat, somit schon längere Zeit sich mit Blutuntersuchungen beschäftigt, versichert, dass weder im Blute von Gesunden noch in dem von Typhuskranken, von mit Lupus-, Tripper-, diphtheritischen Geschwüren, Eczem und Lepra Behafteten Eingangs bezeichnete Körperchen vorkommen und hat auch in 5 Blutproben, welche Prof. Hebra und Stricker ihm vorgelegt haben, das Blut der Syphilitischen und das der Nichtsyphilitischen nach dem Vorkommen dieser Körperchen diagnosticiren können.

Ich bedauere sehr, dass die Lostorfer'schen Angaben in Betracht auf die Wichtigkeit dieser Entdeckung so spärlich ausgefallen sind, dass namentlich nichts über das Verhalten der Blutzellen gesagt wird, welche ja gewiss bei der beschriebenen Behandlungsmethode — Aufbewahren in einer feuchten Kammer

7 *

und über wochenlange Untersuchung — bedeutende Veränderungen erleiden mussten; ferner dass nicht angegeben wird, welche
Blutpräparate als brauchbar betrachtet, welche dagegen „als unbrauchbar ausgeschieden werden müssen".

Für denjenigen aber, welcher die Angaben Lostorfer's
über das Vorkommen von Syphiliskörperchen prüfen will, und
welcher nicht Gelegenheit hatte, dieselben selbst beim Entdecker
zu sehen, tritt in Folge dessen eine bedeutende Schwierigkeit ein.
Kein Wunder also, dass schon in 8 Tagen von vielen Seiten die
Lostorfer'sche Beobachtung als nicht correct und dass die ver-
meintlichen Syphiliskörperchen als sowohl im Blute Syphilitischer
als Nichtsyphilitischer vorkommend bezeichnet wurden.

Namentlich hat Wedl in der Sitzung der k. k. Gesellschaft
der Aerzte v. 9. Febr. 1872 diese Körperchen als Fetttröpfchen
erklärt, da sie das Licht stark brechen, einen grünlich-bläulichen
Schimmer besitzen und die Mixtura oleosa unter dem Mikroskope
dieselben Körperchen zeigt. Dieselben sollen nach Wedl im
ganz frischen Blute in derselben Anzahl und Grösse vorkommen
und nur durch die zahlreichen Blutzellen zugedeckt sein, während
sie leicht sichtbar werden, wenn man durch das Blut destillirtes
Wasser durchleitet, wodurch ebenso wie durch die Wasserdünste
in der feuchten Kammer die Blutzellen erblassen.

Diese Fetttröpfchen sollen aus den Talg- und Schweissdrüsen
herstammen.

Selbstverständlich wäre eine derartige Entdeckung, wie sie
Lostorfer angibt, von der grössten praktischen und wissen-
schaftlichen Bedeutung, denn wir hätten einerseits ein sicheres
Kriterium für die Diagnose der syphilitischen Affectionen, andererseits eine wichtige Grundlage für die Ergründung des bis jetzt
unbekannten syphilitischen Virus.

Nachdem nun auch theoretisch keine stichhaltige Einwendung
gegen das Vorkommen von besondern Trägern des syphilitischen
Giftes erhoben werden können, ja — für mich wenigstens —
die Existenz derselben sehr wahrscheinlich erscheint, Lostorfer
ferner bei 5 Prüfungen immer das Blut der Syphilitischen als sy-
philitisches bezeichnet hatte, so unternahm ich eine Reihe von
Untersuchungen an Kranken, welche in der neucreirten und meiner Leitung anvertrauten Experimentalklinik untergebracht waren.

Das hiesige Militärcommando und die Herren Militärärzte
haben mir auch bereitwilligst entsprechende Kranke zur Ver-

fügung gestellt, nachdem im Civilspitale keine solchen sich vorfanden.

Vor allem musste ich trachten im Blute von Kranken, welche unzweifelhafte Merkmale von Syphilis darboten und noch keine antisyphilitische Behandlung überstanden haben, jene Körperchen zu Gesichte zu bekommen, welche denen von Lostorfer gleich sehen würden; nachträglich musste das Blut von anderweitig Erkrankten auf das Vorkommen dieser Gebilde geprüft werden und nachdem sich herausgestellt hatte, dass im Blute Syphilitischer in reichlicherer Menge als in dem der Nichtsyphilitischen bestimmte Körperchen auftreten, ist erst an die nähere Bestimmung derselben geschritten worden.

Die Untersuchungsmethode war dieselbe wie sie Lostorfer angegeben hat. Aus dem einer Stichwunde des reinen Fingers entnommenen Blute wurden möglichst rasch etliche mikroskopische Präparate gemacht, wozu stets ein derartig kleines Bluttröpfchen verwendet wurde, dass die Blutzellen nur eine Schichte unter dem Deckgläschen bildeten und zwischen den Zellen von denselben freie Serumpartien sich vorfänden. Man muss dabei nur an den Kanten des Deckglases einen leisen Druck mit dem Nagel anbringen, wodurch die Blutzellen nicht zerdrückt werden. Demnach sind Präparate, welche eine mehrfache Schichte von Blutzellen zeigen, sowie solche, bei welchen die Zellen zerquetscht sind, von vorn zu als unbrauchbar auszuscheiden.

Im oben ausgesprochenen Sinne brauchbare Präparate werden nun in eine feuchte Kammer hineingelegt, welche aus einem Glassturze bestehen kann, der in ein mit etwas destillirtem Wasser gefülltes grösseres Glasgefäss hineingestellt wird. An eine Stellage, welche aus Messingdraht gemacht ist, können mehrere Präparate unter dem Glassturze untergebracht werden. Das Wasser wird häufig gewechselt. Die Temperatur innerhalb des Glassturzes schwankte zwischen 14—18° C.

In sehr kurzer Zeit nach der Verfertigung des Präparates nehmen die meisten farbigen Blutzellen die bekannte Stechapfelform an, während andere, die sich durch einen von den ersteren bedeutenderen Glanz auszeichnen, die glatte Oberfläche behalten, dabei aber etwas aufquellen und sich vergrössern. In den klaren, von Blutzellen freien Plasmapartien erscheint ein feines Fibrinnetz, welches im Blute von einigen Kranken (wie bei Pneumonie, Peritonitis in Folge von Puerperalprocess) sehr dicht ist, bei anderen sowie an Syphilis Kranken aus dünneren **Fädchen** besteht und grobmaschig erscheint. In diesen Partien des Plasma liegen auch die farblosen Blutzellen, von **denen** die meisten aus einem gleichförmigen glänzenden Protoplasma bestehen und einen Kern nicht erkennen lassen, andere dagegen die bekannten Granula zeigen.

**Man findet** wohl nebstbei auch in allen Blutproben kleinere oder grössere, runde, scharf contourirte und glänzende Fetttröpfchen, **welche ja im** Blute ziemlich reichlich vorkommen und von denen einzelne möglicherweise vom, der Haut anhaftenden Fette herstammen **können. Diese sind** jedoch nicht die von Lostorfer beschriebenen Gebilde **und sie** kommen **im** Blute von Kranken, bei reinlichster Verfertigung des Präparates jedoch nur vereinzelt vor. Dass endlich **in einzelnen** Präparaten auch kleinere Luftbläschen oder Leinenfädchen nicht vorkommen, ist kaum zu verhindern.

**Mehr** weniger in **24—36** Stunden quellen sowohl die Stechapfelform zeigenden **als** auch die glatten farbigen Blutzellen noch **mehr auf;** jene, welche zu Geldrollen zusammengeklebt waren, lösen **sich von einander ab,** alle werden blasser. Dabei quillt oft die **dellenförmig** vertiefte Stelle der Zellen stärker auf und wölbt sich **nach einer oder** der anderen Seite der Zelle aus, so dass diese dann einem Turban nicht unähnlich aussieht. Die farbigen Blut**zellen** nehmen auch an Grösse **zu,** ihr Protoplasma wird durchsichtiger und in demselben erkennt man den ebenfalls aufgequolle**nen vergrösserten Kern.** Das Fibrinnetz verliert auch viel an Schärfe der Contouren.

**Diese Veränderungen beweisen, dass** die Zellen aus dem **Serum mehr Flüssigkeit an sich gezogen** haben und dass auch **dieses, trotzdem das** Blut am Rande des Deckglases in verschieden breiter Zone eingetrocknet zu sein scheint, aus den Wasserdünsten, welche die feuchte Kammer erfüllen, Wasser aufgenommen hat. In den meisten Präparaten ist **das** Blutplasma noch am dritten Tage ganz **klar und** ungefärbt und nur in einigen und **zwar am** häufigsten in **denen,** in welchen die Blutzellen stärker aufgequollen **oder deren Zellen** etwas mehr gequetscht worden sind, färbt sich dasselbe mit dem Blutfarbstoffe lichtgelb, **während die Blutzellen** lichter gefärbt erscheinen.

**An anderen** Präparaten vertrocknet dagegen der Bluttropfen, indem die aneinanderliegenden Blutzellen in eine gleichförmige **rissige Masse sich** verwandeln, **in der nur hie** und da flüssiges, einzelne stechapfelförmige Zellen einschliessendes Serum sich vorfindet. Auch diese Präparate sind unbrauchbar, da in denselben die Blutbestandtheile völlig zu Grunde gegangen sind.

In einzelnen Blutproben, welche gleichzeitig demselben Kranken entnommen und in derselben Feuchtkammer aufbewahrt waren, entwickelten sich schon nach 24 Stunden oder erst am 3. bis 4. Tage zahlreiche Hämoglobulinkrystalle. So fand ich im Blute einer an Arthritis leidenden Kranken, bei welcher seit Jahren zahlreiche im subcutanen Zellgewebe gelegene aus oxalsaurem Kalk bestehende Gichtknoten sich gebildet haben, in 24 Stunden nach Verfertigung des Präparates theils den rothen Blutzellen anhängende, theils in denselben selbst gelegene, rhombische oder nadelförmige Krystalle, deren manchmal sich 2—3 in einer Blutzelle entwickelt haben. Oft schien es, als ob farbige Blutzellen in toto in ein Krystall sich umwandeln würden, an denen ursprünglich abgerundete, nachträglich aber sehr scharf zugespitzte Ecken und sehr glatte Flächen von schiefen tafelförmigen Rhomben zum Vorschein kamen. Mit der Zeit, nachdem das Blutserum, welches beim Beginne der Krystallisirung noch ganz ungefärbt war, sich mit Blutfarbstoff tingirt hatte, bildeten sich auch tafelförmige, rechteckige Rhomben, welche schwach weingelb gefärbt, an Grösse die farbigen Blutzellen selbst um's Doppelte übertrafen. Viele lösten sich nach einigen Tagen wiederum auf.

An zahlreichen anderen Präparaten, welche aus dem Blute von verschiedenen Kranken gemacht worden sind, bildeten sich extraglobuläre Hämoglobulinkrystalle nur auf kleinen beschränkten Stellen, häufiger dorten, wo die Blutzellen dichter gelagert waren, und nur in einem Falle bildeten sich im ganzen Präparate unzählbare Hämoglobulinkrystalle bis auf einen schmalen Saum, in welchem das Blut vertrocknet war. Diese Blutprobe stammte von einem Syphiliskranken (Corona syphilitica) her, von welchem mehrere Präparate in derselben feuchten Kammer bei einer Temperatur von 14—16° C. gehalten worden sind und nur in einem von diesen krystallisirte das Hämoglobulin heraus.

Die meisten Krystalle stellen nadelförmige schiefe Rhomben dar, von denen viele vollkommen entwickelt, andere dagegen mit abgestutzten spitzen Winkeln waren. Die Länge derselben entsprach mehr oder weniger dem Durchmesser der farbigen Blutzellen, einzelne waren jedoch doppelt auch dreifach so lange. Viele Krystalle bildeten rechteckige oder schiefe tafelförmige Rhomben von derselben Grösse wie die ersteren und nur einige stellten

platte rhombische Säulen dar. Zwischen gekreuzten Nicol'schen
Prismen zeigten sich dieselben lichtröthlich in einer, violettbläu-
lich in der entgegengesetzten Richtung. Das Blutserum ist an
dem geschilderten Präparate sehr wenig gelb gefärbt, die farbigen
Blutzellen noch von einer glatten scharfen Contour begrenzt, anscheinend in geringerer Zahl, substanzarm und sehr platt.

Ich habe mich etwas länger bei der Beschreibung dieser
Krystalle aufgehalten, weil dieselben nach der in den meisten
Lehrbüchern gangbaren Beschreibung aus Menschenblut sich nur
schwer und unvollkommen entwickeln sollen und weil man sie
blos aus gefrorenem Blute dargestellt bekommen hat.

Warum diese Krystalle sich nicht in allen Präparaten, die
unter denselben Bedingungen aufbewahrt waren, sondern nur in
einzelnen entwickelt haben, bin ich nicht im Stande genau anzugeben, ich glaube aber, dass an den ersteren Präparaten das
Blut an der Peripherie des Deckglases besser vertrocknet war,
und dass hiedurch das hermetrisch eingeschlossene Blut sich durch
Aufnahme von Wasserdünsten nicht diluiren konnte.

In drei Präparaten (Rheumatismus und Syphilis) entwickelte
sich zwischen dem 4. bis 5. Tage auch Sarcina. Sie bildete je
einen Haufen von 50—60 Körperchen, welche aus zu Würfeln
angeordneten, farblosen etwas plattgedrückten Zellen (Körnchen)
bestanden. Sie ist an der charakteristischen Anordnung ihrer Elemente leicht zu erkennen und wurde auch von Vielen, denen ich
sie vorgezeigt habe, trotz dem Mangel der der Sarcina ventriculi
eigenthümlichen grünlichen Färbung gleich als solche diagnosticirt.
Nach dem 5. Tage lösten sich aber die die Sarcinakörperchen bil-
denden Zellen von einander, und bildeten einen Haufen von Körnchen, welche schliesslich (z. B. in einem Bluttropfen eines an acutem Rheumatismus Leidenden) völlig verschwunden sind.

In allen drei Präparaten befand sich aber der beschriebene
Sarcinahaufen entweder neben einem Luftbläschen oder einem
Leinenfaden, weshalb die Vermuthung, dieselben sind bei der
Bereitung des Präparates zufällig hineingelangt, um desto mehr
begründet ist, als Karsten Sarcina auf der Menschenhaut beobachtet hat. Insoferne kann ich mich mit der Beobachtung Lostorfer's (l. c.), dass Sarcina im Blute der Gesunden constant
vorkommt, nicht einverstanden erklären.

Kehren wir nun zu den Bildern, welche uns die Blutproben
am 3. Tage zeigen. Nachdem nun viele von den Präparaten

einerseits wegen zu grosser Dicke des eingeschlossenen Blut-
tropfens oder wegen Vertrocknung oder Zerquetschung aus-
geschlossen werden mussten, sind zur weiteren Untersuchung jene
nur brauchbar, an denen in der Mitte des Präparates das Blutserum noch ungefärbt ist und die meisten rothen Blutzellen meist
von einander isolirt an ihrer Oberfläche völlig glatt geworden und
sich anscheinend verkleinert haben, da sie mehr Kugelform angenommen und nicht mehr die centrale Depression zeigen. Viele
dieser Zellen behalten noch um diese Zeit die Stechapfelform.
Das Protoplasma der farblosen Blutzellen ist körnig geworden
und die einzelnen Körnchen sind nur lose durch eine lichtere
Zwischensubstanz zusammengehalten. Der aufgeblähte scharf contourirte Kern derselben schliesst mehrere Körnchen in der Regel ein.

Am 4. Tage tritt im Blute Syphilitischer folgende Veränderung auf. Im Blutserum, und zwar in den von Blutzellen in
grösserer Ausdehnung freien Stellen desselben, lässt sich leicht
eine wolkige Trübung wahrnehmen, welche von dem Auftreten
-feiner Flöckchen herrührt. In diesen bemerkt man kleinwinzige
helle runde Körnchen, denen in der Regel Fädchen anhängen.
Indem nun die Zahl dieser Körnchen den 5. Tag bedeutend zunimmt, verschwinden die oben erwähnten Fädchen und die vergrösserten Körnchen bekommen einen stärkeren Glanz, sind rund,
häufig dagegen unregelmässig, mit einem Stückchen Protoplasmasubstanz junger Zellen, was ihr Aussehen, ihre Begrenzung und
Form anbetrifft, am ehesten noch vergleichbar. Diese Körnchen treten zerstreut im ganzen Blutserum und gehen nicht von
einzelnen Herden aus, wie es der Fall sein müsste, wenn sie
aus Theilung einzelner präexistirender Keime entstehen würden,
sie tauchen auch unabhängig von den Blutzellen auf, indem sie
gar nicht in grösserer Menge um dieselben sich vorfinden, ja in
grösster Zahl gerade dorten im Serum sich bilden, wo es am
wenigsten Zellen gibt.

Sie sind auch nicht mit Fetttröpfchen zu verwechseln, da sie
jenen den letzteren eigenthümlichen scharfen Contour, auch nicht
den bläulichen Glanz derselben besitzen. Die meisten haben auch
kurze Fortsätze, welche in verschiedener Richtung vom Körperchen sich erheben und desshalb bewirken, dass man den Contour
derselben nur mit Mühe verfolgen kann.

Am zahlreichsten findet man sie in der Mitte des Präparates
und dorten, wo das Blutserum noch ungefärbt ist, nachträglich

entwickeln sie sich auch mehr in der Peripherie des Präparates
auch im vom Blutfarbstoff gefärbten Serum, jedoch in geringerer
Anzahl und auch kleiner. In letzteren Partien behalten sie ihren
hellen Glanz, welcher in Folge der gelblichen Färbung des Serums
stärker hervortritt, indem sie sich nicht mit dem Blutfarbstoff
imbibiren.

Dieser Vorgang findet jedoch nicht in allen aus einem Bluttropfen gemachten Präparaten statt. Abgesehen nämlich davon, dass
in verschiedenen demselben Kranken entnommenen Blutproben die
Bildung der beschriebenen Körperchen nicht am 4., sondern erst
am 5. bis 7. Tage beginnt, geschieht es häufig, dass in Präparaten
aus derselben Blutprobe, welche in dem oben angeführten Sinne
brauchbar geblieben sind, sich die Körperchen gar nicht oder nur
in sehr geringer Anzahl entwickeln. In diesen Präparaten erscheint aber erst gegen den 14. Tag, nachdem das Blutserum mit
den undeutlich und an Zahl verminderten farbigen Blutzellen
gleiche Färbung angenommen hat, eine unregelmässige, fein-
körnige lichte Detritusmasse.

In sehr grosser Anzahl, so dass in jedem Sehfelde deren
wenigstens 20 sich vorfinden, trifft man in der Regel bloss in
einem aus einer Blutprobe gemachten Präparate, und zwar ist es
wechselnd einmal in dem ersten, das andere Mal in den nachfolgenden auch letzten davon gemachten. Worin dieses liegt,
lässt sich schwer angeben, jedenfalls hängt es nicht von der Anzahl der im Präparate eingeschlossenen farbigen oder farblosen
Blutzellen ab, eher würde ich es zurückführen auf eine reichlichere Menge des Blutserums.

Um diese Zeit entwickeln sich in einigen Präparaten (sowie
auch bei Nichtsyphilitischen) runde scharf contourirte helle Körnchen, zu grösseren Haufen (50—100) angeordnet, welche die Blutzellen aus ihrer Lage verdrängen und um welche sich kleinere
aus 3—10 Körnchen bestehende Häufchen bilden. Sie sehen den
Körnchen der Sarcina gleich, es fehlt ihnen jedoch die charakteristische Anordnung, zu je 4—8 etc. Trotzdem würde ich wagen,
dieselben für Sarcine zu erklären, meist aus dem Grunde, weil
sie den Körnchen derselben gleichsehen und wie diese zu Grunde
gehen, indem zuerst die in der Mitte des Haufens gelegenen Körnchen, nachträglich auch die peripheren immer undeutlicher und
schliesslich ganz unkenntlich werden.

Ich hebe ihr Vorkommen zu Fleiss an dieser Stelle noch einmal hervor, damit man sie eben nicht mit den früher geschilderten Körperchen verwechsle, von denen sie sich durch ihr Aussehen, ihre Entwickelung und ihr weiteres Schicksal unterscheiden.

Ausser diesen Haufen von wahrscheinlich Sarcinakörperchen findet man aber noch die zu Haufen gruppirten Granula der farblosen Blutzellen, die man daran erkennt, dass einerseits sich der in der Mitte oder in der Peripherie derselben gelegene und um diese Zeit (5. bis 6. Tag) noch sichtbare Kern nachweisen lässt, andererseits die Granula noch immer durch eine scharf an der Peripherie contourirte durchscheinende Masse zusammengehalten werden.

Die Granula der farblosen Blutzellen behalten aber auch dann, wenn sie sich auseinander lösen, ihre ursprüngliche Grösse und sind um diese Zeit (5. bis 8. Tag) kleiner als die meisten im Blutserum neugebildeten Körnchen.

Letztere nehmen nämlich noch bis zum 8. bis 10. Tag an Zahl immer mehr zu in jenen Präparaten, in denen sie am 4. bis 5. Tag schon reichlich zum Vorschein kommen. Die früher entwickelten nehmen mehr die Kugelform an, werden stärker lichtbrechend und schärfer contourirt. Zwischen kleineren findet man auch grössere, welche jedoch nie die Grösse der farbigen Blutzellen erreichen. Diese haben jedoch nicht die Kugelform, sondern sind mannigfach gestaltet und mit unregelmässigen schwach contourirten Rändern versehen.

Sie entstehen durch Zusammenfliessen mehrerer neben einander liegender, indem man sieht, wie an grössere einzelne oder auch mehrere kleinere Körnchen sich anlegen, so eine Zeit neben einander verbleiben, schliesslich aber zusammenfliessen. Hie und da liegen auch drei bis vier Körnchen in einer Linie angereiht, was um desto weniger auffallen dürfte, als ja um den 10. manchmal 12. Tag diese Gebilde in Unzahl in jedem Sehfelde anzutreffen sind.

Von da an hört jede weitere Entwickelung oder Vermehrung der Körperchen auf, die kleineren nehmen mehr Kugel-, die grösseren ovale Form an, bekommen eine schärfere Contour und stärkeren Glanz und verbleiben in dieser Gestalt auch noch am 20. Tage, nachdem das ganze Blutserum mit dem Blutfarbstoffe sich gelblich imbibirt hatte und die rothen Blutzellen kaum an dem runden

Contour erkannt werden. Vacuolenbildung habe ich in denselben nicht bemerkt.

Diese eben geschilderten Gebilde muss ich für die Lostorfer'schen Syphiliskörperchen halten, da sie mehr oder weniger sich derartig entwickeln und derartig aussehen, wie sie Lostorfer beschrieben hatte. Zur Untersuchung dieser Körperchen habe ich drei an Syphilis erkrankte Individuen benützt.

Einer von diesen ist seit 6 Wochen mit einer mandelgrossen Induration des Präputium behaftet, welche exulcerirt war und mittelst Verbandwassers aus Cupr. sulfur. zur Verheilung gebracht wurde. Innerliche Mittel wurden gar nicht gebraucht. Drei Tage nachdem das Blut demselben zum ersten Male zur Untersuchung entnommen war, trat Angina syphilitica auf.

Der zweite Kranke überstand eine Schmierkur (20 Einreibungen von Unq. ciner.) einer Corona syphilitica wegen, von welcher an der Stirn und Brust vertiefte bräunlich gefärbte Narben zurückgeblieben sind. Die Lymphdrüsen namentlich am Halse linkerseits sind stark angeschwollen und beim Drucke schmerzhaft.

Die dritte Blutprobe entnahm ich einem 15jährigen Mädchen, welches Defect des weichen Gaumens und der Gaumenbogen, Exostosis an beiden Schienbeinen, ferner erweichende und exulcerirte Gummata an den Unterschenkeln zeigte.

Am 4. und 5. Tage entwickelten sich in einigen Präparaten die geschilderten Körperchen aus dem 1. und 3. Fall in unzählbarer Menge, in geringerer Menge aus dem 2. Falle und auch in einigen Präparaten der anderen Fälle. In drei Präparaten haben sie sich gar nicht gebildet u. z. in zwei Präparaten (Corona syphilit.), in welchen schon am 3. und 5. Tage sich unzählige Hämoglobulinkrystalle entwickelt haben und in einem dritten, in welchem die Blutzellen zerquetscht worden sind und das Blutserum sich schon am 2. Tage gelblich imbibirt hatte.

Es hiess nun zu bestimmen, ob diese Gebilde, so wie es Lostorfer behauptet, nur im Blute Syphilitischer auftreten, oder ob sie auch im Blute anderer Kranken vorkommen.

Zu diesem Behufe entnahm ich mehrere Mal Blutproben Kranken, und zwar an Herzfehler (2 Fälle), acutem Rheumatismus, Addison'scher Krankheit, Arthritis, Icterus, Pneumonie, chron. Tuberculose, Variola (3 Fälle), Puerperale Peritonitis, Septikämie leidenden.

Vor Allem muss bemerkt werden, dass trotzdem die Präparate (im Ganzen 65) mit derselben Sorgfalt bereitet und in derselben feuchten Kammer aufbewahrt waren, in welcher auch die Syphilisblut beherbergenden sich befanden, dass viele davon zu Grunde gingen dadurch, dass das Blut vertrocknete oder im Gegentheile die Blutzellen frühzeitig sich aufgelöst haben, und dass es mir nicht gelungen ist, das Blut der Nichtsyphilitischen so lange wie das der Syphilitischen wohlerhalten zu bewahren. Immerhin blieben viele (gegen 40) bis zum 12. Tage wohlerhalten, also bis zu jener Zeit, in welcher im Blute Syphilitischer schon bedeutende Veränderungen sich vorfinden.

Abgesehen davon, dass in sehr vielen Präparaten sich zu Haufen angeordnete runde helle Körnchen entwickelt haben, die ich nach dem oben Gesagten für Sarcinakörnchen halte, trotzdem sie nicht die charakteristische Anordnung zu 4—8 etc. zeigten, abgesehen davon, dass meist von der Peripherie des Präparates in einzelnen derselben sich Bacterien gebildet haben, so traten in sehr vielen hie und da (man muss nach diesen jedoch genau das ganze Präparat durchmustern) vereinzelte Gebilde, welche den im Blute Syphilitischer massenhaft sich entwickelnden gleich gesehen haben.

Hier muss ich aber noch vorausschicken, dass in einzelnen Blutproben, wie z. B. von an Arthritis und Rheumatismus Leidenden gleich nach der Bereitung des Präparates auch ähnliche Gebilde vorkommen, dass hiemit selbst bei der genauesten Durchforschung eines Präparates bei einer 1400fachen Vergrösserung es unmöglich ist anzugeben, ob diese Gebilde, welche man vereinzelt nach einigen Tagen vorfindet, schon im frisch gelassenen Blute vorhanden waren, geschweige denn, auf welche Weise sie sich entwickelt haben.

Aus der Aehnlichkeit ihres Aussehens dürfte erst dann auf ihre Identität geschlossen werden, wenn beide eine gleiche chemische Zusammensetzung und Entwicklung zeigen würden.

Insoferne also in einzelnen Syphilisblut einschliessenden Präparaten ebenso wie in dem Blute von Nichtsyphilitischen spärliche oben geschilderte Körperchen sich vorfinden, ist die Unterscheidung beider Blutarten nur aus solchen Präparaten anzugeben, in welchen dieselben in grosser Anzahl sich entwickeln.

Um mir nicht den Vorwurf machen zu können, ich hätte das Blut der Nichtsyphilitischen nicht mit derselben Sorgfalt wie das der Syphilitischen untersucht und nur einzig aus diesem Grunde, ersuchte ich meinen Assistenten, Herrn Feigel, mir Blutproben von Syphilitischen, welche genau protokollirt und nummerirt wurden, vorzulegen. Ich bekam im Ganzen das Blut von 17 Kranken in 60 Präparaten zur Untersuchung.

Darunter waren 5 Syphiliskranke und zwar 2 Fälle von syphilitischer Induration des Penis; ein typhös Erkrankter, welcher vor 7 Jahren secundäre Syphilis überstanden hat. Eine Frau mit Caries syphilitica ossis cranii und eine zweite mit Syphilis ulcerosa. Ferner 5 Fälle von Blattern im Stadio eruptionis et desquamationis; 2 Fälle von Pyämie, 1 Fall von Scarlatina, 1 Fall von Pustula maligna und schliesslich das Blut von 3 Gesunden, von denen Einer vor 5 Jahren an einem weichen syphilitischen Geschwüre erkrankt war.

Das Resultat der Untersuchung ergab, dass von 18 Blutproben von Syphilitischen 16 als solche bezeichnet worden sind, dass dagegen eine Blutprobe, in welcher in Unzahl die Lostorfer-schen Körperchen vorhanden waren, als von einem Syphiliskranken herstammend angegeben wurde, während diese dem an Pustula maligna Erkrankten angehörte, von dem es aber unentschieden ist, ob er nicht syphilitisch erkrankt war.

In den letzten Blutproben von Syphilitischen und Blattern-kranken bekam ich auch jene Körperchen, welche Vacuolen ein-schliessen und welche Lostorfer aus den Eingangs geschilderten Körperchen entstehen lässt. Dieselben kommen schon am 2. oder 3. Tage in geringer Anzahl vor, sind meist von der Grösse der farbigen Blutzellen, sind völlig rund, glatt contourirt, weniger glänzend als die Eingangs geschilderten und haben einen Stich in's Blassgelbliche. Die Vacuole ist bald sehr klein, so dass noch ein dicker Ring das Körperchen bildet, bald gross, so dass nur ein ringförmiger Streifen das Körperchen bezeichnet. In einem Präparate (Caries syphilitica) lagen sie dichtgedrängt einander gegenseitig comprimirend, und bildeten ein Netz, welches gleich-gesehen hat jenem Netze, welches in Chromsäure aufbewahrte einen Blutthrombus bildende farbige Blutzellen darstellen. Dieselben entwickeln sich schon zu einer Zeit, in welcher die glän-zenden Körperchen sich noch nicht gebildet haben oder, in Blut-proben, in denen sie sich gar nicht oder in sehr geringer Zahl bilden (z. B. Variola).

Aus diesem Grunde kann ich nicht zugeben, dass sich die Vacuolen einschliessenden Körperchen aus den glänzenden unregelmässig contourirten entwickeln und glaube vielmehr, dass sie aus farbigen Blutzellen auf diese Weise entstehen, dass die aufgequollene und erblasste Delle derselben sich völlig auflöst, der dickere periphere Theil derselben dagegen bedeutend erblasst und schwach contourirt zurückbleibt, um desto mehr, als die meisten dieser Gebilde schliesslich völlig sich auflösen.

Lostorfer scheint nun der Ansicht zu sein, dass die von ihm genannten Syphiliskörperchen zu den Pilzen zu zählen seien, da in einigen wenigen Fällen diese Körperchen Sprossen und Auswüchse bekommen haben, welche Keimschläuchen von Pilzen ähnlich aussahen. Diese Ansicht ist jedoch nur mit einer besondern Reserve mitgetheilt, wofür schon ihre Bezeichnung als Syphiliskörperchen und nicht Pilze spricht.

Wir haben gesehen, dass in Blutproben Pilze wie z. B. Sarcina sich entwickeln. Dieses erfolgt jedoch jedesmal derart, dass an einzelnen Stellen wahrscheinlich durch Theilung eingeschlossener Keime ein Haufen von Körnchen entsteht, der nebenanliegende, feste Theile, wie Blutzellen, aus dem Orte verdrängt; dass ferner in der Nähe von grösseren Haufen wiederum kleinere sich bilden. Anders geschieht es bei der Entwicklung der Syphiliskörperchen. Diese tauchen beinahe gleichzeitig im ganzen Präparate von einander und von eingeschlossenen Körpern wie Blutzellen unabhängig auf, gerade am zahlreichsten an jenen Stellen, in welchen keine Zellen sich vorfinden. Gleich nach ihrer Entwicklung bilden sie nicht runde den Pilzsporen ähnliche Körnchen, sondern eher kleine Flocken mit feinen Anhängseln wie Fädchen, auch zu grösseren Gebilden angewachsen, stellen sie meist unregelmässige Körper dar.

Ihre Entwicklung sowie ihr Aussehen sprach also schon mehr dafür, dass sie als Niederschläge von im Blute gelösten Bestandtheilen anzusehen sind.

Mein geschätzter College, Prof. Stopczański, dem ich die Sache derart vorgelegt habe, führte nun gemeinschaftlich mit mir die mikrochemische Untersuchung durch, und richtete seine Aufmerksamkeit gleich auf das Paraglobulin, welches im Blute in reichlicher Menge sich vorfindet und bei den Bedingungen, unter denen das Blut aufbewahrt ist, auch ausfallen konnte.

Wir nahmen also vor Allem verdünntes reines Blutserum (vom Hunde) in eine Feuchtkammer und leiteten durch dieselbe während der Beobachtung $CO_2$ durch. Es tauchten nun in der nur wenig getrübten Flüssigkeit Flöckchen auf, welche mit den Syphiliskörperchen grosse Aehnlichkeit hatten, gleich diesen einen hellen Glanz zeigten, auch unregelmässige Körnchen darstellten und nur etwas kleiner zu sein schienen. Ein geringer Unterschied, in Betracht dessen, dass der Serumtropfen nicht zwischen zwei Glasplatten sich befand und dass sich ja diese sehr zahlreich und schnell einerseits schon bei Verdünnung des Blutserums, andererseits bei der Durchleitung von $CO_2$ entwickelt haben. Da nun bekanntlich das durch die Verdünnung und durch $CO_2$ aus dem Serum gefällte Paraglobulin durch O sich wiederum auflöst, so leiteten wir durch die in einer Feuchtkammer aufbewahrte Syphiliskörperchen O durch, wobei sich die kleinen völlig auflösten, die grösseren aber um Vieles verkleinerten.

Nachdem sich nun diese Körperchen im Aether nicht, in einer reichlicheren Menge von schwacher Kochsalzlösung (1 Theil concentrirter Kochsalzlösung auf 2 Theile Wasser) dagegen zum grössten Theile aufgelöst haben, war jede weitere Untersuchung überflüssig, da die angegebene klarlegt, dass die erwähnten Körperchen aus gefälltem Paraglobulin bestehen.

Bei der durch Lostorfer angegebenen Untersuchungsmethode sind auch alle Bedingungen vorhanden, unter denen im Blute vorhandenes Paraglobulin ausfallen kann. Schon die Verdünnung des Blutserums, noch mehr jedoch das Vorhandensein von $CO_2$ bedingt das Ausfallen derselben. Dass aber das Blutserum aus den in der Feuchtkammer vorhandenen Wasserdünsten Feuchtigkeit anzieht, beweist der Umstand, dass die Blutzellen aufquellen; bei der Zersetzung der farbigen Blutzellen dürfte dagegen $CO_2$ in genügender Quantität frei werden.

Da nun diese Körperchen im Blute Syphilitischer sich reichlicher als in dem Gesunder und vieler Kranken entwickeln, so dürfte entweder mehr Paraglobulin im Blute Syphilitischer sich vorfinden, oder es kommt in denselben weniger fibrinogene Substanz vor, wodurch eben weniger Fibrin gebildet wird und das Paraglobulin in grösserer Menge gelöst bleibt. Welches von diesen der Fall ist, liesse sich durch die quantitative Bestimmung der Fibrinmenge des syphilitischen Blutes bestimmen.

Die Lostorfer'schen Körperchen haben sich aber auch im Blute Syphilitischer in jenen Fällen nicht entwickelt, in welchen in Unzahl sich Hämoglobulinkrystalle gebildet haben, welche aus Blutfarbstoff und einem Eiweisskörper bestehen. Daraus scheint nun zu folgen, dass das Paraglobulin des Blutserums zur Krystallbildung benützt wurde, wofür auch ferner der Umstand spricht, dass so lange diese Krystalle sich intraglobulär (also innerhalb der farbigen Blutzellen) entwickeln, sie sehr klein sind, extraglobulär dagegen eine bedeutende Grösse erreichen.

Gestützt auf den grösseren Theil der hier mitgetheilten Untersuchungen habe ich in Nr. 8 der „Wiener medicinischen Wochenschrift" eine vorläufige Anzeige veröffentlicht, die ich hier mit einigen Aenderungen, welche aus den weiter gepflogenen Forschungen sich ergeben haben, folgen lasse.

1. Die Lostorfer'schen Körperchen erscheinen im Blute syphilitischer Kranken am 4.—5. Tage, und zwar zuerst in den von Blutzellen nicht eingenommenen Partien des leicht wolkig getrübten Blutserums, in Form von kleinwinzigen hellen Körnchen, denen in der Regel ein feines kurzes Fädchen anhängt. In den nachfolgenden (5—10) Tagen nehmen dieselben an Zahl und Grösse zu, nur wenige erreichen die Grösse der farblosen Blutzellen, sind bald rund, bald, was häufiger der Fall, unregelmässig, hellglänzend, einfach contourirt und gleichen noch am ehesten dem Protoplasma frischer farbloser Blutzellen. Dieselben bleiben auch dann, wenn das Blutserum mit dem Blutfarbstoffe sich gefärbt hatte, ungefärbt, und treten schliesslich auch zwischen den Blutzellen auf. Die Vacuolen einschliessenden Körperchen Lostorfer's entwickeln sich aus farbigen Blutzellen und stehen mit den Syphiliskörperchen in keinem genetischen Zusammenhange.

2. In dieser Form und in sehr grosser Anzahl fand ich dieselben bei 8 Kranken, welche verschiedene Formen von Syphilis gezeigt haben, und bei einem, welcher an Pustula maligna litt, von dem es aber unentschieden blieb, ob er nicht früher syphilitisch afficirt war.

3. Nicht in allen aus Einer Blutprobe gemachten und auf dieselbe Weise in einer und derselben feuchten Kammer aufbewahrten Präparaten kommen die Lostorfer'schen Körperchen in gleicher Anzahl vor. Sie entwickeln sich gar nicht, wenn der Bluttropfen zu sehr gequetscht wurde und alsbald das Blut-

serum sich mit dem Blutfarbstoff imbibirte und auch dann nicht, wenn sich Hämoglobulinkrystalle im Präparate reichlich gebildet haben.

4. Ausser den Lostorfer'schen Körperchen entwickeln sich bald früher bald später in wechselnder Menge Vibrionen.

5. Im Blute von Nichtsyphilitischen entstehen ebenfalls L.'sche Körperchen, in der Regel erst am 7. bis 8. Tage aber in geringer Auzahl. So sah ich sie im Blute von Kranken, welche an Herzfehler, Rheumatismus, Addison'scher Krankheit, Arthritis, Icterus, Pneumonie, Tuberculose, Variola, Puerperalprocess, Septikämie litten. Sie entwickeln sich darin manchmal gar nicht und zwar bei denselben Bedingungen, wie im Blute von Syphilitischen. In vielen Präparaten entwickelte sich Sarcine in bekannter Form und nur an begrenzten Partien, wahrscheinlich von aussen hereingebracht.

6. In vielen Präparaten entwickelten sich zahlreiche Hämoglobinkrystalle. Sie erscheinen in Form von meistentheils schiefen Rhomben, an denen häufig die längeren Flächen stark genähert sind, und die dann, mit schwacher Vergrösserung betrachtet, feinen Nadeln gleichen. Viele bilden auch grosse rhombische Tafeln. Sie kommen vor sowohl im Blute Syphilitischer als Nichtsyphilitischer, bald an begrenzten Partien des Präparates, bald zerstreut in unzählbarer Menge im ganzen Präparate, sie entwickeln sich manchmal schon in 24 Stunden (auch intraglobulär) bald in einigen Tagen auch an solchen Präparaten, welche bei einer Temperatur von 14—18° C. in einer feuchten Kammer aufbewahrt waren. Alle lösen sich in einiger Zeit wiederum auf.

7. Aus dem Zustandekommen und dem Ansehen der L.'schen Körperchen konnte schon gefolgert werden, dass dieselben keine Fetttröpfchen, sondern viel eher Niederschläge von im Blute gelösten Bestandtheilen sind. Mein College Prof. Stopczański erklärte dieselben auf Grund der gemeinschaftlich durchgeführten Untersuchung für Paraglobulinkörnchen, indem sie a) dem aus Blutserum durch $CO_2$ unter dem Mikroskope gefällten Paraglobulin gleichsehen, b) nach Durchleitung von O sich bedeutend verkleinern, viele auch auflösen, c) auch in schwacher Kochsalzlösung (1 Theil concentrirter Kochsalzlösung auf 2 Theile Wasser) sich auflösen. Die vorhandenen Vibrionen lösen sich natürlich nicht auf.

8. Ob und warum das Paraglobulin im Blute Syphilitischer reichlicher vorkommt oder leichter ausfällt, müssen weitere Untersuchungen zeigen.

Abgesehen also von dem einen Falle, in welchem bei Pustula maligna sich die Lostorfer'schen Körperchen in Unzahl entwickelt haben, in einem Falle übrigens, in welchem, da der Kranke das Spital unterdessen verliess, sich nicht constatiren liess, ob derselbe auch nicht syphilitisch erkrankt war, haben sich bloss im Blute Syphilitischer die angegebenen Körperchen in grosser Zahl entwickelt, während sie bei zahlreichen anderen Kranken und Gesunden nur in sehr geringer Menge zum Vorschein kommen, derartig, dass ich die meisten syphilitischen Blutproben als solche angeben konnte.

Mögen also diese Körperchen Paraglobulin oder Protoplasmareste sein, immer muss ich diesen einige Wichtigkeit zuschreiben, und ich kann nicht umhin, die praktischen Aerzte, denen es nicht allein an der theoretischen Bestimmung der Eigenschaften und Bestandtheile dieser Körperchen, sondern auch an der praktischen Verwerthung derselben gelegen sein muss, zur weiteren Untersuchung derselben aufzufordern, denn andere Aufgaben hat zu erfüllen der Theoretiker, andere der Praktiker, obwohl sich Beide ergänzen müssen.

C. Ueberreuter'sche Buchdruckerei (M. Salzer).